KV-702-270

The Sources of Modern Architecture and Design

现代建筑
与设计的源泉

[英]尼古拉斯·佩夫斯纳 著

殷凌云 毕斐 译

范景中 审校

浙江人民美术出版社 | 艺术世界

Published by arrangement with Thames & Hudson Ltd，London，

The Sources of Modern Architecture and Design © 1968 Thames & Hudson Ltd，London
This edition first published in China in 2018 by Zhejiang People's Fine Arts Publishing
House，Zhejiang Province
Chinese edition © 2018 Zhejiang People's Fine Arts Publishing House

合同登记号
图字：11-2016-282号

图书在版编目(CIP)数据

现代建筑与设计的源泉 ／（英）尼古拉斯·佩夫斯纳
著 ；殷凌云，毕斐译. —— 杭州 ：浙江人民美术出版社，
2018.1
（艺术世界）
ISBN 978-7-5340-5818-9

Ⅰ．①现… Ⅱ．①尼… ②殷… ③毕… Ⅲ．①建筑艺
术-研究-世界②建筑设计-研究-世界 Ⅳ．①TU

中国版本图书馆CIP数据核字(2017)第093220号

现代建筑与设计的源泉

著　　者　[英]尼古拉斯·佩夫斯纳
译　　者　殷凌云　毕斐
审　　校　范景中

策划编辑　李　芳
责任编辑　郭哲渊
责任校对　黄　静
装帧设计　傅笛扬
责任印制　陈柏荣
出版发行　浙江人民美术出版社
制　　版　浙江新华图文制作有限公司
印　　刷　浙江海虹彩色印务有限公司
版　　次　2018年1月第1版·第1次印刷
开　　本　889mm×1270mm　1/32
印　　张　6.875
字　　数　192千字
书　　号　ISBN 978-7-5340-5818-9
定　　价　58.00元

关于次品（如乱页、漏页）等问题请与承印厂联系调换。
严禁未经允许转载、复写复制（复印）。

目　录

导　言

　　20世纪的源泉何在？这些源泉先是形成小溪，继而汇聚成河，最终在特定的情况之下形成了20世纪30年代国际风格的汪洋。是诸如普罗米修斯和名不见经传的车轮发明家这样神奇的发明者[genii fontis]在源泉一侧伺机而动？不可能。因为历史有断层，即使历史的长河绵延流淌，我们的文明也无法直接与渺远的过去遥相衔接。可是，即使我们承认文明曾经"兴衰、破灭、传播、更新、毁灭"，即使我们囿于西方文明，带有齿轮、砝码的钟表和活字印刷术的发明就是20世纪的源泉吗？是的。如果没有它们，也就没有什么20世纪了。大众传播和大批量生产是将这一世纪区别于往世的标志之一。但是这仅仅局限于数量方面，并非发明本身。不过，这种数量的确是20世纪之源的重要现象之一；现代艺术之源同样如此。

　　20世纪是一个大众的世纪：一方面是公众教育、大众娱乐、大宗运输、可接纳2万名学生的大学、可接收2000个孩子的综合学校、可安放2000张床位的医院、拥有10万个座位的体育场；另一方面是运动的速度，每位公民都身为特快列车司机，而某些飞行员的时速快过声速。这两方面只不过体现了这一时代的技术狂热，而技术不过是对科学的运用。

　　本书所涉及的领域涵盖了视觉艺术中的科学、技术、大众运输、大批量生产和大众消费以及大众传播。这就是说，对建筑与设计的论述会多于美的艺术[beaux-arts]，对大都市的论述远远多于小城镇和乡村，并且会着重讨论用于公众的建筑与设计及其所使用的新材料、新技术。

假如这一点可以看作20世纪的图解，那么，我们就可以观察和分析20世纪的源泉何在了。现在，我们就尽量按时间顺序列举它们并加以思考。

第一章 | 时代风格

用于公众的建筑和设计必须是具备实际功能的。也就是说，它们必须被所有人接受，并且具备满足人类基本需求的良好功能。一把坐上去感觉会不舒适却可以被当作艺术品的椅子，只有应景的鉴赏家才会取其审美性而舍弃实用性。而我们的源泉首先就是为功能主义辩护。奥古斯塔斯·韦尔比·诺斯莫尔·普金[Augustus Welby Northmore Pugin]于1812年生于英国，父亲是法国人。他在他最重要的著作的第一页上写道："就一座建筑物而言，它应该具有便利性、结构性与合宜性这些必需的特征……最小的细部应该……服务于目的，而且结构本身应该视其所使用的材料而改变。"[1] 这番言论写于1841年，在当时却已经不新鲜了。它直接继承了法国17和18世纪的理性主义原则。帕塔斯[Batteaux][2]说：建筑"不是一种景观……而是一种服务"，而且"安全、适合、便利"。这些话从科尔德穆法[Cordemoy]到博福兰德[Boffrand]、小布朗德拉[the younger Blondel]，人人皆知。再引用两段人们不太熟悉的非法语文献。霍格思[Hogarth]的《美的分析》[*Analysis of Beauty*]第一章"论适合性"[Of Fitness]，一开始就提出："每个独立部件的细部都适合于它被设计出的形式……对于其整体美至关重要……在造船时，船体各部分的尺寸都受到限制，以适合航行的要求。当一艘大船行驶良好时，水手们称之为美；这两个概念之间便具有这样一种联系。"[3] 而阿巴特·洛多利[Abbate Lodoli]可能受到霍格思的影响，他在一次引人入胜的谈话中指出，威尼斯的贡多拉小船属于具有实际功能的设计；他还申明，在一座建筑物中既不应该出现任何未能"完全实现功能的"部件或者说"没有具备自身真正功能的"部件，也不应该出现"结构不完整的部件",它的设计应与"材料的本质"[4]有着合理的联系。

上文首先提到的普金给他的处女作起了一个响亮的名字:《尖拱建筑或基督教建筑的真谛》[*The True Principles of Pointed or Christian Architecture*];尽管他极为清楚地阐述了哥特式建筑风格的功能因素,诸如扶垛[buttresses]、肋拱顶[rib-vaults]等,但是他的主要目的不是为功能主义[functionalism]进行辩护,而是为体现天主教复兴的哥特式复兴[Gothic Revival]进行辩护。不过这些事实都与我们的论题无关。哥特式建筑师们研读普金的著作,功能主义者也研读他的著作。在19世纪中叶的作家与思想家那儿可以看到这一现象,德国的戈特弗里德·桑佩尔[Gottfried Semper]便是其中之一。他认为,实用美术或装饰艺术取决于原材料和技术。1815至1855年,桑佩尔曾经流亡伦敦。在那里,一个由建筑师、艺术家和管理人员组成的小团体负责筹办了1851年的大博览会[Great Exhibition];这次博览会的确大获成功,同时也招致了无情的抨击。桑佩尔一定跟这个小团体有过接触,首先是亨利·科尔[Henry Cole],其次是欧文·琼斯[Owen Jones]、马修·迪格拜·怀亚特[Matthew Digby Wyatt]以及理查德·雷德格雷夫[Richard Redgrave]。

在大博览会举办之前,这些人出版了一份小型刊物《设计与制造杂志》[*Journal of Design and Manufactures*]。从这份杂志中可以看出,他们已经将普金的原则应用于工艺及工业产品设计[industrial art];后来,桑佩尔也效仿而行。普金反对供人踏行的"饰有浮夸凸雕状枝叶[foliage]"[5]的地毯,《设计与制造杂志》就坚持认为地毯应当保持"平平的或低低的平面"[6],壁纸应该传达"准确的平面感"[7],总而言之,"设计者最先考虑的应该是如何完全适应预想的用途"[8];每件物品"既要赏心悦目,也必须符合设计目的,其构造也必须真实可

信"[9]。

难怪当水晶宫[Crystal Palace]竣工并摆满了各国最引以为豪的产品时，这些人对展品的品位标准大失所望。他们认为："极其显而易见，装饰设计的固有原则消失殆尽，制作者的品位毫无教养。"[10]他们宁可夸赞水晶宫建筑本身也不称赞这些展品。

如果人们期望发现完全体现19世纪的建筑风格的事物，期望发现预示20世纪建筑发展趋向的事物，那么水晶宫确实是19世纪中期建筑的试金石（图1）。水晶宫全部采用铁和玻璃建造，它的设计并非出自建筑师之手，而且它的各部分都特意为工业化产品而设计。它在某种意义上是一个源头；可它也有自己的源头，这些源头让我们再次回归建

1. 水晶宫，为1851年大博览会而建，1853年重建于锡德纳姆山[Sydenham]（沿着屋顶可以看到"袖廊[transept]"）。由约瑟夫·帕克斯顿[Joseph Paxdon]设计，全部采用预制构件组装，标志着对建筑中历史风格[historical styles]的首次重大突破。

筑史。铁的使用肇始于18世纪80年代的法国，苏夫洛[Soufflot]和维克多·路易[Victor Louis]在修建防火剧院时，破天荒地采用了铁。到18世纪90年代，英国制造商扮演了设计师的角色，开始尝试用铁建造自己的防火工厂。就这两种情况而言，铁的使用只是一种讲求实效却毫无审美意义的权宜之策。众所周知，在一些富于浪漫情调的建筑物内部，饶有趣味地出现了铁，如1815至1820年建于布莱顿[Brighton]的纳什皇家剧院[Nash's Royal Pavilion]，而同年代建造的大桥外观则堂而皇之地展示了铁。英国的科尔布鲁克代尔大桥[Coalbrookdale Bridge]（图2）是最早的铸铁桥，早在1777年便已设计出炉，它的跨度为100英尺。1793至1796年建于森德兰[Sunderland]的一座大桥很快就以206英尺的跨度赶超过去；而詹姆斯·菲内利[James Finley]于1809年设计的斯古

2

3

吉尔大桥[Schuylkill Bridge]的跨度则为306英尺。前两座英国大桥为铁拱桥，斯古吉尔大桥却是一座悬索桥，其悬索原理在19世纪早期桥梁的最佳范例上就得到体现——托马斯·特尔福德[Thomas Telford]于1818至1826年设计的梅奈大桥[Menai Bridge]（图3），其主跨度为579英尺。

　　诸如马修·迪格比·怀亚特等19世纪后期的一些建筑师，都想把这些大桥列为那一世纪的最佳建筑。但是，这些杰作都并非出自建筑

2. 什罗普郡科尔布鲁克代尔大桥建于1777至1781年，是世界上第一座铸铁桥。它的建造者是钢铁大王亚伯拉罕·达比[Abraham Darby]，由一位不太重要的建筑师T. F. 普里查德[T. F. Pritchard]协助。这座桥横跨塞文河[the Severn]，跨度为100英尺。

3. 梅奈悬索桥连接北威尔士[North Wales]和安格尔西岛[the Isle of Anglesey]，是霍利黑德至切斯特公路[the Holyhead to Chester Road]的组成部分。由托马斯·特尔福德[Thomas Telford]修建于1818至1826年。特尔福德是19世纪早期最伟大的公路和运河工程师，他在早些时候大胆设计了一座史无前例的大型单拱铁桥（未曾修建）以替代伦敦桥。

5

师之手。正如我们所知道的，建筑师曾经打算在需要之处稍微采用一些铁，但顶多也只是抱以玩玩的态度。1850至1851年，怀亚特曾对那些"世界奇观"大放言论："从这些荣耀驻足的开端……我们可以驰骋梦想，却不敢预言。"[11]这些话同样适用于这些桥梁。这就是水晶宫年。普金称水晶宫为"玻璃怪兽"[12]，拉斯金贬之为"黄瓜架子"[13]，而怀亚特说：这座建筑可能会尽快促成"我们内心所期待的圆满"，而且"其形式和细节的奇妙……将对民族的鉴赏力产生巨大的影响"。[14]

4. 伦敦煤炭交易所铁制外廊内景部分，由 J. B. 邦宁设计于1846—1849年。1962年，它被拆除，这是伦敦近期最严重、最不足取的损失之一。

5. 巴黎圣-热纳维耶芙图书馆，由亨利·拉布鲁斯特设计于1843—1850年，它公然显露了铁框架结构。当时，铁框架一般覆以石料或者灰泥。

稍后，怀亚特甚至预言铁与玻璃的结合会迎来"建筑史上的一个新纪元"。[15]此时，还是1851年。

但是到那时，一些最具有探险精神的知名建筑师已经开始关注铁。拉布鲁斯特[Labrouste]于1843至1850年设计的巴黎圣-热纳维耶芙图书馆[Bibliothèque Ste-Geneviève]（图5）和邦宁[Bunning]于1846至1849年设计的伦敦煤炭交易所[Coal Exchange]（图4）是最早由铁元素来决定其审美特征的建筑。拉布鲁斯特比邦宁更优秀，他的建筑作品更为优雅，装饰更为节制。这在建筑外观上体现得格外清楚：邦宁的设计具有不合乎规范的快感，在当时的英国这属于自由的或混杂的文艺复兴风格[the Free or Mixed Renaissance]并为人所接受；拉布鲁斯特却通过装饰上的限制和简约，优雅地处理他所具有的文艺复兴风格，当然也是自由的文艺复兴风格。但是他们都把铁隐蔽于坚硬的石料之下。

怀亚特激赏邦宁，而另一位史伟大的人物伊曼纽尔·沃约利特-里-迪克[Emanuel Viollet-le-Duc]（1814—1879）则仰慕拉布鲁斯特并受他引导。拉布鲁斯特不再授课时，他的学生力劝沃约利特-里-迪克承接下来，不过他教学的时间不长。与这段经历相关的是，1858年他开始讲授他的《对话录》[Entretiens]。1863年，该书第一卷出版；1872年又出版了更为重要的第二卷。他坚持功能主义的建筑观点。他要求"形式与需要和结构方式相结合"[16]；他要求真实感："在外观上，石头要像石头，铁要像铁，木头要像木头"[17]，"不朽的外观应该隐去中产阶级特点"是没有必要的。[18]所以，他认为，需要一种19世纪的风格。他还认为，"我们拥有工业生产所提供的丰富资源和交通运输的便利"[19]。建筑属于"科学和艺术的成分几近相等"。[20]建筑师不可再对他们的建筑正面是否属于罗马式、哥特式或文艺复兴式斤斤计较。否则，任何"新型或实用之物都不可能出现"。[21]当工程师发明移动工具时，"他们不会想到去模仿驿车的马具"。[22]建筑师要是不想让他们的职业落伍，就

6

必须成为"技术精湛的建造者，以便充分利用我们这个社会所提供的各种材料"。[23] 因此，沃约利特-里-迪克想到了铁，甚至打算用铁建造拱顶肋部（布瓦洛[Boileau]已经在巴黎的教堂里对此做出了展示）和外部框架。

　　沃约利特-里-迪克所说的这些话的确颇为大胆，可做得如何呢？作为一位伟大的法国大教堂修复专家、哥特式建筑学者，尽管不容置疑沃约利特-里-迪克具有敏锐的结构感，却和在他之前的普金一样，没有把宣扬的理论付诸实践。在英国，沃约利特-里-迪克的对立者——乔

6. W. H. 巴罗于1864年设计的伦敦圣潘克拉斯车站的火车车库；跨度为243英尺的尖顶拱门不啻一项工程学伟绩。

治·吉尔伯特·斯科特爵士[Sir George Gilbert Scott]，也是一位自信的修复专家，一位无所建树的哥特式建筑学者。他可能会说"一座铁拱桥总会修建得漂亮，而建造一座悬索桥或别的什么会十分困难"，并且还会说"显然……现代金属结构为建筑业的发展开辟了一番崭新的天地"。[24]

然而，这既不是斯科特的天地，也不是沃约利特-里-迪克的天地。当应邀设计与伦敦新的圣潘克拉火车站[St Pancras Station]相连的一家旅馆时，斯科特提供了一座高大的哥特式建筑。后来，工程师威廉·H.巴罗[William H. Barlow]在它后面修建了火车车库（图6）。这座车库的跨度为243英尺，是当时达到的最大跨度。这项记录在欧洲保持了25年之久，直到1889年巴黎世博会[Exposition Universelle]举办，才被迪特[Dutert]和孔塔曼[Contamin]设计的机械大厅[Halle des Machines]（图7）最终取代，后者跨度为362英尺。那座哥特式旅馆就这样被隐没于辉煌壮观的金属结构之中。

随着铁和玻璃广泛应用于那些要求充足光线和分格式结构[cellular structure]的展览大厦、火车车库以及工厂和办公大楼等建筑，新的美学词汇也随之涌现，而建筑师仍然继续排斥新材料，仅仅满足于哥特风格、文艺复兴风格乃至巴洛克风格的外在特征。以骨架结构[skeletal construction]突破旧风格的局限促成了美学上的可能性，大批量生产的建筑构件促成了社会意义上的可能性，对于这些问题，他们均未予以认真对待。

美学和社会革新的巨大动力来自英国，而且集中在威廉·莫里斯[William Morris]身上。他是诗人，还创作发行小册子，他也是革

7. 机械大厅，为1889年巴黎世博会而建。它主要是工程师的杰作，由V. 孔塔曼领衔，细节方面由建筑师迪特协助。它成为未来特征的典范。

新者、设计师，受过些许大学教育，学过些许建筑，接受了些许绘画训练，最后他成为制造商和店主。他是一位非常特别的人，莫里斯公司于1861年开业，与其合作的都是亲朋密友，有建筑师菲利普·韦布[Philip Webb]、画家福特·马多克斯·布朗[Ford Madox Brown]、罗塞蒂[Rossetti]和伯恩–琼斯[Burne-Jones]。莫里斯从22岁起就拥有一套理论，继而从40多岁起开始发表言辞激昂的演说，对理论详加阐释。人们对他的理论耳熟能详。这套理论源自厌恶水晶宫的拉斯金。拉斯金曾经强调，一座火车站永远不可能被称作建筑。莫里斯态度狂热，坚决拒绝探求他那个时代所需要的独有风格。他说："如果我们的……建筑师迫于他人要求而创造发明一种新风格，那么这一时代就会一去不复返……我们不需要任何新的建筑风格……一块大理石碎片是否拥有旧的或新的建筑风格不足挂齿……我们已知的建筑形式已足够优秀了，甚至大大优胜于我们现在的任何一种形式。"[25]莫里斯更为明智。他把流行的历史主义[historicism]斥责为"用别人丢弃的敝衣旧裳所做的乔装打扮"[26]，他还劝告建筑师"直接研究古代作品，并学会理解古代作品"[27]。他不是一位革命性的人物；他热爱中世纪、大自然和广袤辽阔的乡间，厌恶大都市。他的厌恶最初只是视觉上的，但随即就演变成社会意义上的。在他看来，伦敦不仅是"一个布满不宜居住的棚屋的大都市"，[28]还成了"烟熏熏的骗子及他们那些野兽般的奴隶的大杂烩"[29]。中世纪不仅使莫里斯在视觉方面感觉愉悦，而且它们在其社会结构中（或莫里斯所认为的中世纪的社会结构中）——如拉斯金所认为的那样——也是恰当的。莫里斯曾说：在中世纪，艺术不分"伟人、次要人物和小人物"[30]，如同他们现在一样，艺术家不是"其所受教育能使之臻于极高修养的人，他们冥思缅怀往昔世界的荣耀，并依照他们的观点摒除绝大多数人所拥有的日常污垢之物"[31]。艺术家是平凡的劳动者，是"在铁砧上"或"在橡木横梁周围""高兴地咧嘴笑着"不停工作的"平常人"[32]。现在的博物馆藏品，"在它们所属的年代只不过是寻常之物"[33]。这是因为在中世纪"日常劳作因日常艺术创造而变得惬意"[34]。因此，莫里斯为艺术下了这样一个定义："劳动中人类快乐的表现。"[35]并且由此要求艺术应该再次成为"创作者和使用者之间的一种愉悦"。因为常人可能对具有自我意识、与众不同的艺术家毫无兴趣，却可能享用能工巧匠为他制作的产品。所以，艺术不仅应该"取之于民"[by the people]，也应该"用之于民"[for the people][36]。"我对艺术无甚要求，恰如我对教育或自由也一无所求"[37]。

以为人设计作导向的理论体系，在19世纪中叶颇为怪异。当它出现在1851年伦敦大博览会、1855年巴黎博览会时，当它1862年重又出现于伦敦、1867年再次出现于巴黎时，它只能被理解为反对设计标准和趣味的一个例证。

仔细审视这些图目中的展品，尤其是日常用品时，人们就能够理解莫里斯的情感流露。在中世纪，"每一件手工制品或多或少都是美丽的"，而现在"文明人的产品几乎无一不是丑陋得既蹩脚又自以为是"。[38]"假如人们意识到这一点的话"，那么适销产品"对购买者有害，对销售者更有害"。[39]我们的房间充塞着"许许多多无法描述、不可名状的垃圾"，唯一可以接受的东西通常是厨房用具。[40]只有它们真诚实在且简单朴素，而"现代生活中需要的正是这两种美德——真诚实在与简单朴素[honesty and simplicity]"。[41]莫里斯坚持认为，富豪府邸中十分之九的东西都应当付之一炬。[42]

莫里斯在他那个时代谴责工业无疑是正确的。"作为一种生活的条件，由机器制造的产品完全是有害之物"。[43]可是，假如拒绝接受机器，那就无法降低生产成本。这会使莫里斯公司的产品价格昂贵，这也无法"用之于民"，严格而言，也无法"取之于民"，因为莫里斯及其朋友用手工制作他们设计的印花罩布、壁纸、家具和彩色玻璃（尽管并

非总是如此），这种手艺确实没有什么创造性。尽管如此矛盾，莫里斯却如愿以偿。他使许多国家的年轻画家和建筑师转向工艺或设计，也就是说，他引导他们去帮助日常生活中的凡人。

为什么莫里斯在亨利·科尔及其朋友的失败之处获得了成功？显而易见，首先在于他专注于把他自己的主张付诸实践。他本人是一位狂热的手工艺人，早在1856年就着手尝试木刻和书籍彩饰[illumination]，并用莫里斯设计[Morris-designed]、木匠制作[carpenter-made]的"颇具中世纪风格的家具"布置他最初在伦敦的房间，这些家具"似岩石一样结实而沉重"。[44]两年之后，他结婚成家；又过了一年，即1860年，他搬进了红房子[Red House]。红房子位于伦

9

8. 红房子，位于肯特郡伯克斯利希思，由菲利普·韦布于1859年为他的朋友威廉·莫里斯设计。它舒适且适于家居，这种走在时代前例的处理方式十分自由。在壁炉这样的某些细节上，韦布展现出一种独创性，它寄望于沃伊齐或莱琴斯[Lutyens]的出现。

9. 在莫里斯设计理念的影响下，家具设计师回归英国乡村小屋式的简朴，复兴了来自乡村的几种传统类型。这把椅子由福特·马多克斯·布朗设计于约1860年，早于莫里斯公司的成立，它线条笔直，用灯芯草编织座位。

10

敦郊外的伯克斯利希思[Bexley Heath]，由莫里斯的朋友菲利普·韦布
为他设计，并按照韦布和莫里斯自己的构思来布置。这所房子在许多方
面都采用大胆的手法处理：红砖墙直接裸露在外而不覆灰泥；规划从内

10. 莫里斯公司几乎在设计和室内装修诸方面都发挥了决定性影响；它生产了由菲利普·韦
布1862年设计的这些瓷砖，并用于诺尔曼·肖的老天鹅之家的壁炉。（参见图17）

11. 《百合花》[*Lily*]，机器编织的基德明斯特[Kidderminster]地毯，由威廉·莫里斯设
计于1877年。

13

13. 丝质锦缎，欧文·琼斯设计。他是亨利·科尔的一位朋友，大博览会的支持者。早在莫里斯之前，科尔的小圈子就反对维多利亚女王盛期设计的华丽的、照相式自然主义，并创作了与平面相符的平面图案。

部开始，即把建筑物正面作为次要的考虑；不加遮掩地展示建筑物的内部构造。

　　像壁炉这样的细节便真正具有革命性的特征（图8），它完全没有任何时代的繁缛，在摆放木柴的地方完全功能化地平砌砖层，出烟口则竖砌砖层。在当时，它是一个例外；在接下来的30年间，没有任何一个国家的日用品设计能像它那样预示着即将来临的20世纪。相对于乡村小屋的简朴（而不是相对于豪宅）而言，莫里斯公司设计的绝大多数早期家具的外观都相当怀旧（图72）。不过，在公司销售的家具中，偶尔会找到几件非常独立的设计产品。譬如，前拉斐尔派[the Pre-

12. 莫里斯亲自设计的一件作品——印花棉布（《郁金香》[*Tulip*]，1875年）完美地体现了莫里斯之作的可爱和明快之处。

◀ 12

14

Raphaelite]画家福特·马多克斯·布朗于1860年左右设计的一把椅子
（图9）显然也属于简朴的小屋用椅，而后背有加长的细长框栏，这体
现出原创性。

简单朴素[simplicity]而不事矫饰[directness]，这种风格贯穿于这
把椅子、韦布的壁炉、莫里斯的住宅和公司里非常优秀的设计作品以及
莫里斯于1862年设计的著名的《雏菊》[Daisy]壁纸和韦布于同年设计的
《天鹅》[Swan]瓷砖（图10）。正是现有商店缺乏这种简单朴素而浑然
天成的商品，这才引发了公司的创建。也正是在这一点上，作为手工艺
人和设计师的莫里斯再次引领了设计发展的方向。他决定公司应该转向

14. 诺尔曼·肖的乡村住宅也许可以和菲利普·韦布的相比较。它位于萨里郡班斯塔蒂
[Banstead]，建于1884年，体现了既合理又不看重形式的设计规划，带有尖角的烟囱体
和安置整齐的窗户看上去很雅致，却不太自然。

纺织品印染，而且看到糟糕的染色成为主要难题之一，这时他亲自学会了印染。后来，公司转向挂毯编织业，他又在织机上度过了4个月中的516个小时。莫里斯的成功不仅基于他所建立的手工艺范例，更多归功于他所具有的设计师天赋。科尔的小圈子所设计的图案枯燥乏味，莫里斯的图案设计则富有生活气息（图11、12）。这正是莫里斯的设计的令人难忘之处。另外，他的图案设计总是明快的，毫不"纵横杂乱"[45]。其次，莫里斯在平衡自然与风格、织物的平面性与花叶的饱满、丰富性上取得了空前绝后的成功。普金和科尔的小圈子在织物等方面推许这种平面性，而莫里斯早在童年和青年时期就已经透彻研究了花叶的丰富性。

15. 菲利普·韦布设计的后期住宅：位于西萨斯克斯郡东格林斯特德[East Grinstead]附近的斯坦顿[Standen]，建于1892年。韦布很可能像平时一样，从舒适和便利的需要着手，成功地把诚实和优雅融于设计之中。

16

17

此外，莫里斯的图案——用设计术语来说，并非出于模仿——具备通过观察自然而获得的同样的紧凑感和密集感。最后，这些设计，尤其是1876年以前的那些设计，无论如何都没有效仿过去的形式，而这一点在我们特定的情境中至关重要。它们可能在一定程度上从伊丽莎白女王时代和英王詹姆士一世时代的刺绣品中汲取灵感，但是基本上都是原创性的。

正如莫里斯所知道的，重新确立人们日常用品的价值，这首先是社会责任问题，然后才是设计问题。因此，他也知道合理的建筑复兴必须优先于合理的设计。这证明他是一位了不起的预言家。他在1880年说过："除非你决心拥有优秀的、合理的建筑，否则你对艺术的思考全然……无用。"[46]他知道他同时代的"伟大建筑师"小心翼翼地过着"免受普通人的日常烦忧"[47]的生活。这里所提到的是这样一种事实：19世纪最重要的建筑师把工作时间花在有利可牟的设计上，譬如修建教堂、公共建筑以及有钱人的乡村住宅和别墅。这种态度只能逐渐改变，而考察这种变化将是本书的任务之一。首先是为人熟知的英国住宅复兴运动[the English Domestic Revival]。莫里斯这一代的某些建筑师完全或几乎完全转向民居领域，同时也转向更小的建筑规模和更加精致的细部。

莫里斯的朋友菲利普·韦布和理查德·诺尔曼·肖[Richard Norman Shaw]是最重要的两个名字（图14、15）。我们已经不止一次地提及韦布了。1873年建于萨里[Surrey]的乔尔德温斯之家[Joldwyns]属于他成熟期的一件早期之作。其主要优点在于：大胆与率真相结合，拒绝任何炫耀的成分，完全忠实于当地的建筑材料。跟莫里斯一样，韦布也不是一位革命性的人物。他热爱乡村的古老建筑，并利用它们的建筑方法和母题。他从不把混合风格[mixing styles]视作畏途，他以出人意料的一反常规为乐趣，例如乔尔德温斯之家的长烟囱以及1892年建于斯坦登[Standen]的那座住宅上一排格外醒目突出的五个三角形装饰部件（图15）。

16. 肖与莫里斯、韦布几乎是同时代的人，他的特点在于缜密的才智以及为了富于情趣的效果而宁可忽视历史风格。他的新西兰办公楼位于伦敦市，建于1872年。他利用17和18世纪的主题来创建功能齐备、采光良好的办公大楼。

17. 肖于1876年设计的切尔西老天鹅之家。它的各个部分无一不具出处，它们结合起来则明显具有肖式的优雅风格。

18

韦布只是一位建造者，而肖却是一位与众不同的人物，更多属于一位艺术家，更富于想象力，更文雅，或许还更敏锐。至少在肖的独特母题中，从未远离传统，也将愉悦融汇其中。他于1876年修建的切尔西[Chelsea]老天鹅之家[Swan House]（图17），上层连续突腰，属于传统的木框架结构；第二层的凸窗是1673年左右受人喜爱的英格兰母题，

18. 伦敦附近的贝德福德公园——第一处城郊花园。最早的一批住宅大约设计于1875年，其朴素的风格至今仍影响着住宅建筑。花园颇大而不规则；古树给人一种宜人的田园感受。

19. 克尔姆斯戈特庄园是威廉·莫里斯最喜爱的住宅：这处老宅外形如画而朴素，带有数世纪逐渐扩建而成的边房。从韦布和肖开始，英格兰建筑师受其影响。

顶部过于纤细的窗户是安妮女王时期的风格，但是细腻、甚至令人好奇[*piquant*]的整体效果是属于肖的、别无他属。这种风格在英国和美国产生了巨大的影响。肖甚至将这种新奇语汇[novel idiom]带进了伦敦。建于1872年的新西兰办公楼[New Zealand Chambers]（图16）优雅而颇具宅邸格调，不幸的是它毁于第二次世界大战。它的第一层凸窗尤其引人瞩目：这里没有使用当代的母题[period motif]；它们只是让日光最大限度地照进办公室。肖的乡村住宅也可能被人认为格调有些漫不经心，但比较接近韦布的风格（图14）。

肖的作品还有一方面是我们所关心的。离伦敦不远的贝德福德公园[Bedford Park]（图18）当时尚未被城镇吞没。肖从1875年起就在那儿修建了第一处城郊花园。这个想法来自熟谙这一位置的乔纳森·卡尔[Jonathan Carr]。朴素的住宅街道、花园里需要保护的古树和街道上种

19

20

植的新树，从这些着眼，肖让这座公园显得生机勃勃。

　　另外，住宅设计尤其毫无原创性。这些住宅的源头是英格兰都铎和斯图亚特建筑，它们不再是英格兰的"非凡宅邸"［prodigy houses］，而属于威廉·莫里斯在牛津郡克尔姆斯戈特［Kelmscott］的庄园式宅邸之类（图19）。韦布和肖已经把中产阶级的宅邸建筑认定为进步建筑师的主要禁地，莫里斯也已经重新确认了与我们最为相关的日常

20. 马萨诸塞州北伊斯顿［North Easton］的 F. L. 埃姆斯纪念门房［F. L. Ames Memorial Gate Lodge］，由 H. H. 理查森设计于 1880—1881 年，使用了他最喜爱的、厚实的石质构件。

21. W. G. 洛住宅位于罗德岛的布里斯托，由斯坦福·怀特设计于 1887 年，已被拆毁。在美国，像怀特和理查森这样的建筑师比韦布和肖更能够彻底地打破历史陈规。

生活环境的审美重要性。可是，他们三位对19世纪的创新风格——拒绝传统——形成的必要性的感受都不及沃约利特-里-迪克强烈。当然，这在设计领域区别甚微；如果说有什么区别的话，那就是沃约利特-里-迪克比韦布和肖更具有时代局限性。在19世纪80年代之前的欧洲，尚无人能够完全摆脱历史主义的束缚。

　　况且，在世纪交替之际，欧洲实际上不再掌控全世界的局势。对于历史主义的失败，美国人和欧洲人发挥了同样巨大的作用，然而美国人发动进攻的前沿阵地比英国人更为广阔。在私人住宅设计领域，麦金、米德和怀特事务所[Mckim，Mead and White]的H. H.理查森[H. H. Richardson]（图20）和斯坦福·怀特[Standford White]表现出和肖一样与众不同的进取精神，尽管必须承认我们对肖早期的住宅设计一无所知。怀特于1887年在罗德岛的布里斯托[Bristol]为W. G. 洛[W. G. Low]设计的住宅是一个特例（图21），怀特表现出一种超越肖的激进主义，以及作

21

为一个年轻国度的建筑先驱的背景；令人遗憾的是这座住宅已经被愚蠢地准许拆除了。而在商业性建筑领域却出现了更具独立性的激进主义。正是在这一方面，美国大约在1890年才确立了它的国际性领导地位。

美国此时达到了这一紧要关头，这是19世纪最有纪念意义的事实之一。美国曾经以殖民地时期的建筑风格回应欧洲建筑风格。它们也曾经转变为具有进步意义的建筑外观，然而不是分布在中心地区。但是在此刻，美国人手执牛耳、一马当先，他们先是建造了摩天大楼[skyscraper]，而后又发现了一种适合于摩天大楼的新风格。1875年，亨特[Hunt]设计的纽约论坛大厦[Tribune Building]（图22）高达260英尺；1890年，波斯特[Post]设计的普利策（世界）大厦[Pulitzer (World) Building]则高达375英尺。

22

22. 早在19世纪中叶，英国办公大楼已经逐渐形成了一种功能主义风格，它把墙壁处理成纵横交叉的格子。这是在伦敦奥尔德曼伯里5—7号[Nos. 5—7 Aldermanbury]的一个实例，它由一位不知姓名的建筑师设计，大约建成于1840年。

23. 布法罗信托公司大厦（1895年）——路易斯·沙利文的代表作。在其技术和突出的垂直特性方面，它都指向前方的20世纪，但精心而复杂的装饰将使它仍然滞留于新艺术时代（参见图26）。

　　这些早期的摩天大楼只不过是些高楼而已，并没有考虑办公大楼的特点。其实，按这一特点来设计是有例可援的。早在19世纪40年代，英国的办公大楼已经逐渐形成了一种风格，即把建筑物正面处理成格子状的石头扶壁，窗户宽大。芝加哥是一个比纽约更年轻的新兴城市，是一座传统习惯在此可能无可奈何的城市。它继承了这种新颖而合乎逻辑的处理方式，并以此作为它的摩天大楼标准；又对最先由工厂建筑所采用的铁框架结构进行了革新，继而把这项同样合乎逻辑的革新用于建造高层办公大楼。这首先见于威廉·勒巴伦·简尼[William Le Baron Jenney]修建于1883—1885年的家庭保险公司[Home Insurance Building]。它是一幢不够规整并且装饰过度的大楼；五六年之后一些更富有天才的建筑师实现了这种大楼的规整设计，他们是伯纳姆[Burnham]和鲁特[Root]、霍拉伯德[Holabird]和罗奇[Roche]以及路易斯·沙利文[Louis Sullivan]（图23）。霍拉伯德和罗奇的塔科马大厦[Tacoma Building]早在1887—1889年就已竣工，伯纳姆和鲁特的莫纳德诺克大厦[Monadnock Building]（非框架结构）建于1889—1891年；沙利文在圣路易斯[St Louis]修建的温赖特大厦[Wainwright Building]则始建于1891年。在随后的几年里，建筑外观更加精致纯净[purified]。霍拉伯德和罗奇名垂青史的辉煌时刻是1894年修建马凯特大厦[Marquette Building]（图24）之时，而沙利文名垂青史的辉煌时刻则是1895年位于布法罗[Buffalo]的信托公司大厦[Guaranty Building]（图23）的建成之际。

芝加哥学派的重要意义有三重：完成建造办公大楼的工作在此要求思想特别开放并找出功能性的最佳解决方案；一种非传统的建筑技术能够满足工作的需要且被人当即接受；现在，正是建筑师采取了必需的行动，而不再是工程师或别的局外人最后拍板。沙利文尤其清楚他正在做什么。他在1892年撰写的《建筑装饰》[Ornament in Architecture]一文中言道："为了我们的思想能倾注于建筑物的创造……具有天然之美……如果我们能够在几年内完全限制装饰的使用，这对于我们的美感会大有裨益。"[48]虽然他仅在一些经过明智选择的外部采用装饰，但是他依然热爱装饰。这是一种非常个性化的羽状叶饰，莫里斯运动[Morris Movement]在一定程度上给它提供了灵感，然而它更自由、更疯狂、更纠缠莫辨。这已被称作"新艺术"[Art Nouveau]或"原始

24. 芝加哥的马凯特大厦，由霍拉伯德和罗奇设计。1894年，这幢大楼宽大的窗户周围（底部已经是"芝加哥风格"，参见图182）完全体现了钢铁框架，细节平实，而优秀的整体规划至今仍然极为有效。

25

新艺术"[Proto-Art Nouveau]（图25、26）。而这样一种称呼是否合理，直到新艺术被严格检验过后才能断定。

　　事实上，这就是我们现在的任务。因为新艺术运动是驱逐历史主义的另一次战役。不论它隐含其他何种乐趣或差失，这在欧洲设计和建筑中都最有意义，尽管在现代建筑和设计的源泉中，它仍然是最有争议的。今天的建筑和设计已经舍弃了理性主义而趋于展示想象力，所以，新艺术突然变成了当下时兴的话题，记述中显示了它在历史上最具争议的种种特征，这些却为人膜拜。图书装帧和展览为此竞相一显身手。在所有的重要工作中当务之急是努力去进行分析——既是美学分析，也是历史分析。

25、26. 路易斯·沙利文设计的纽约信托公司大厦（1895年，参见图23）和卡森·皮里·斯科特百货商店（1899年，参见图182）的铸铁装饰[Cast-iron ornament]。建筑装饰对沙利文具有特殊的重要性，他那密集而繁复的卷饰具有惊人的原创性。

27

27. 麦克默多在他1883年写的一部书中为雷恩爵士所建的教堂辩护，该书的扉页介绍了他
设计的图案，这些图案在全欧洲变得非常流行。

第二章 │ 新艺术

　　"新艺术"[Art Nouveau]一词源于1895年末S.宾[S.Bing]在巴黎开设的一家商店，与此遥相呼应的是一份杂志上的"青年风格"[Jugendstil]这一德语词，它在1896年开始出现。但是，"新艺术"这种风格的出现年代更早一些。按照传统的看法，它在维克托·霍尔塔[Victor Horta]设计的住宅中已经开始完全成熟。此宅位于布鲁塞尔[Brussels]的保罗-埃米尔·扬松路6号[no. 6 rue Paul-Emile Janson]（图88）。它于1892年设计成型，并于1893年建成。但它仅仅标志着从小规模到大规模、从设计到建筑的风格转变。

　　1883—1888年间是新艺术的摇篮时代[incunabula]，详情如下。阿瑟·H.麦克默多[Arthur H. Mackmurdo]是一位年轻而富有的建筑师和设计师，他于1883年撰写了一本著作（图27）。这本书涉及克里斯托弗·雷恩爵士[Sir Christopher Wren]在伦敦市设计的教堂，这不像是鼓吹新艺术，而扉页却完全属于新艺术。何以为证？——边框内填满了不重复的、非对称的火焰状郁金香图案；两只小公鸡分列左右，被边框截短，而且过于细长。我们一谈及新艺术就会再次看到这些特征：源于自然且被处理成某种蓄意为之、虚张声势并拒绝维系传统的不对称的火焰状。当然，麦克默多的设计并非无所仿效，只是这些在备受尊崇的时代风格中未被发现。

　　麦克默多一定仔细研究过莫里斯，并像莫里斯那样仔细研究了前拉斐尔派，很可能也像前拉斐尔派画家那样已然了解威廉·布莱克[William Blake]，且和众人一样熟知惠斯勒[Whistler]。虽然惠斯勒在其风格的形成期还是一位印象主义者，但不久他就找到了自己的目标，

29

28. 孔雀斋，建于1876—1877年。它由托马斯·杰克尔[Thomas Jeckyll]为船舶巨头F. R. 莱兰[F. R. Leyland]的瓷器藏品而设计，并由惠斯勒采用蓝、金相间的日本风格加以装饰。

29. 1860年以后的三种动向：（上右图）莫里斯公司的图章令人欣悦地出现了恍若自然主义的倾向（约1861年）；（下右图）麦克默多为世纪行会设计的带有波浪边框的图章颇为优雅，并将首字母C、G包含其中（1884年）；（上图）惠斯勒蝴蝶图章借用了书法手法，体现了日本风格。

即将明亮的、柔和的、朦胧的印象派色调融入活泼有趣的装饰图案，它有时近乎抽象，有时是线性的，譬如建于1876—1877年并备受赞誉的孔雀斋[Peacock Room]（图28）。他是以传统风格处理题材的睿智天才，由同样广受赞扬的蝴蝶图章中可见一斑。异曲同工的是莫里斯公司的早期图章和麦克默多于1882年创办的世纪行会[the Century Guild]的图章（图29）。这三枚图章概括了一个自然与抽象的故事，在这个故事中莫里斯、惠斯勒和麦克默多扮演了同样重要的角色。把公司称作行会，是

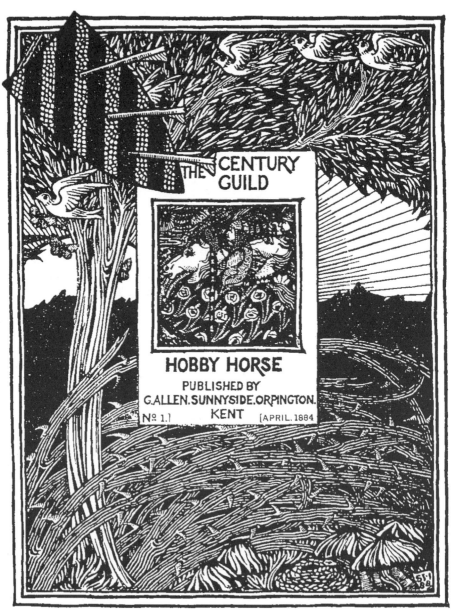

30. 《木马》扉页，由塞尔温·英梅金[Selwyn Image]设计于1884年。用仔细挑选的传统铅字面[typeface]印在手工制作的纸张上，它预告一种图书装帧设计风格即将来临；这种风格一直延续到20世纪。《画室》杂志声称："以前从未将现代印刷字体[printing]当作严肃艺术来对待。"

31. 海伍德·萨姆纳于1888年为弗奎的《乌亭》设计的封面。

31

对拉斯金和莫里斯圈子最为崇高的敬意；其中包含的言外之意包括：中世纪[the Middle Ages]、合作、没有利益盘剥或竞争。麦克默多的世纪行会出版了《木马》[Hobby Horse]杂志，它的扉页和版面设计同样值得铭记（图30）。它比莫里斯的克尔姆斯戈特出版社[Kelmscott Press]在版面设计和书籍制作[book-making]领域更为著名地冒险领先了6年。1884年，麦克默多还为世纪行会设计纺织品（图32、33），它们兼具非凡的原创性以及雷恩一书的扉页所体现出的趾高气扬。世纪行会的影响难以估量。19世纪80年代是莫里斯作为设计师获得巨大成功的年代。此时，他的设计更加稳重、更加匀称，可以说，传统的纺织品设计在英国最具影响。但是，麦克默多的勇气处处引起回应。海伍德·萨姆纳

33

32、33. 新艺术的开端：印制棉织品（1884年），左图是《单瓣花》[*Single Flower*]，上图为《孔雀》[*Peacock*]，由阿瑟·海盖特·麦克默多设计，在某种程度上源自莫里斯，但包含了后期风格的所有要素。它们由来自曼彻斯特的辛普森[Simpson]和戈德利[Godlee]为世纪行会印制。

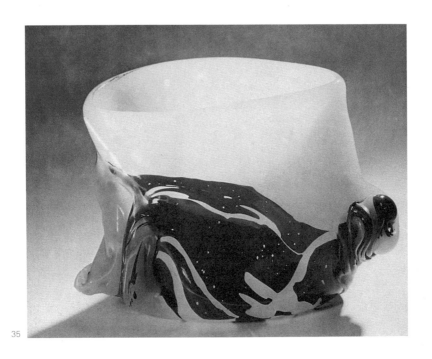

35

[Heywood Sumner]与世纪行会有过一段交往，他便仿效其风格行事。他为弗奎[Fouqué]的《乌亭》[*Undine*]译本设计的封面（1888年，图31）成为一部杰作：精灵或水仙的世界必定为新艺术的敏感性所吸引；头发、波浪、海草犹如造物本身一样迷人，它们受本能而非理性引导。智性所强加的秩序正是新艺术所反对的事物之一；而有意选择为人效仿

34、35. 在玻璃器皿方面，新艺术创造了新奇的形状和新颖的装饰。其先驱者之一是欧仁·卢梭，具有克利式[Klee-like]刻痕纹饰的花瓶（右一图）和仿玉大花瓶（上图），均创作于1884—1885年。

36. 一件色调渐变的彩色玻璃花瓶，由埃米尔·加莱设计于约1895年，用磁漆饰以仙客来图案。加莱像奥布里斯特（参见图54）一样研究过植物学。

的传统风格，恰恰体现了强加的秩序这一原则。

麦克默多涉足了两个领域，他在两者中任一进行探索，莫里斯也曾经如是为之。如何在手工艺领域挣脱历史主义的束缚，如何从外形上而不是装饰方面表现作品，这两种尝试都并不匮乏。在这方面，法国独占鳌头。南锡的埃米尔·加莱[Emile Gallé]比麦克默多年长5岁。他在1884年及以后的玻璃器皿设计（图36），像麦克默多的图书装帧设计和纺织品设计那样，与19世纪的常规背道而驰。这些器皿色彩柔和而微妙，花朵由灰暗的底部袅袅浮出，而且采用了自然主义手法表现其中的神秘感。即使在新艺术最早发轫的年份，加莱也不孤独寂寞。与此

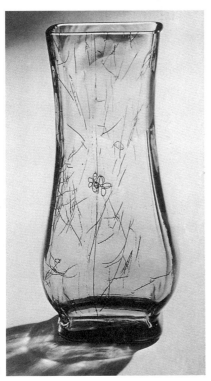

34

36

37

37. 碎纹酒杯，由欧内斯特·巴普蒂斯特·莱韦耶设计（约1889年），里外都饰以彩色大理石花纹，高约6英寸。

38. 饰以半透明珐琅的水晶花瓶，由埃米尔·加莱设计（1887年），高约9英寸。

同时，作为一位年长的巴黎手工艺人，欧仁·卢梭[Eugène Rousseau]也转向一种新风格。然而，我们对他的作品所知甚少。1885年，装饰艺术博物馆[Musée des Arts Décoratifs]向他收购了他的部分作品，其中有仿玉大花瓶[jardinière]和长颈玻璃花瓶，这些作品的独创性和大

39

39. 高更是此时唯一一从事工艺试验的杰出画家。1881年，他凿刻并涂饰了这块木镶板，用于装饰餐室的壁橱。

胆手法引人注目。而花瓶上的刮痕图案[the scratched-in pattern]尤为大胆，从中可以看到克利[Klee]风格而不是莫里斯风格（图34、35）。E. B.莱韦耶[E. B. Leveillé]是卢梭的学生。他在1889年巴黎世界博览会上展示的玻璃制品具有完全相同的精神，譬如一件碎纹[craquelé]玻璃酒杯，带有绿色和红色的大理石花纹（图37）。在陶瓷方面，只有一个人堪与卢梭并驾齐驱，这把我们引向所有外行人中最富有影响力的高更[Gauguin]。

在杰出的画家之中，高更是唯一一位既影响设计形式又亲身躬行工艺实验的画家。1881年，他尚未放弃银行的工作投身艺术，这时他就曾把木镶板刻成具有异国情调的形状，再用红色、绿色、黄色和棕色

40

41

涂饰，以此装饰他的餐室壁橱（图39）。原始主义由此而兴，它与菲利普·韦布的返璞归真完全不同。韦布回归英国乡村，高更则在此重返荒野蛮地[barbarity]。1886年，高更转向制陶，他制作的水罐新奇而不事雕琢（图41）。作于1888年的餐桌中央饰架[épergne]上装饰着浴女雕像（图40），它体现出一些妥协让步。然而事实上，在日常用品上采用女像既合乎19世纪的传统，又合乎新艺术的品位。

　　高更在他的作品中采用了两种维度，即作为画家和版画家，这是他最接近麦克默多－萨姆纳这些艺术家的奋斗之处。1889年，沃尔皮尼咖啡馆[Café Volpini]展品目录的扉页插图（图43）再次标新立异，令人称奇。在诸如《拿斧头的男人》[Man with the Axe]（图42）这

40. 高更在1888年设计的放在餐桌中央的陶制饰架，呈现为姑娘在池中洗浴。

41. 高更制作的一个大水罐，由沙普莱[Chaplet]于1886年焙烧并彩饰。

42

43

样的画中出现了虫迹线形的错综复杂的线条[vermiculating lines]，这种线条成为新艺术的特色；其影响虽然短暂却十分广泛，而且影响了包括蒙克[Munch]在内的许多画家。高更关注手工艺及其风格，以此向他的阿望桥[Pont-Aven]友人致意。因此，我们发现，埃米尔·贝尔纳[Emile Bernard]在1888年既创作木刻版画[wood-carving]又制作嵌花[appliqué]壁挂[wall-hanging]（图46），J. F. 维卢姆森[J. F. Willumsen]在1890年很大程度上像高更一样转向陶瓷制作。旅居法国的维卢姆森后来返回了丹麦（图45）。然而，在他离开丹麦的日子里，丹麦如阿望桥一样也在陶瓷方面独自发展。比高更年长2岁的托瓦尔·宾德斯博尔[Thorvald Bindesbøll]是一位训练有素的建筑师，他的父亲事实上是新希腊风格运动[neo-Greek movement]最具独创性的丹

42. 高更《拿斧头的男人》，1891年。

43. 高更《黑色岩石》，1889年。选自在巴黎沃尔皮尼咖啡馆举办的印象主义暨综合主义绘画展览目录。

44. 高更《拿斧头的男人》中像蛇一样蜷曲的水纹（参见图42），1891年画于塔希提岛。1892年，这种纹样出现于亨利·凡·德·维尔德1892年为《主日》设计的扉页画。

45

麦建筑师。在19世纪80年代，他开始致力于陶瓷创作。他在1891年制作的一件平盘，饰有简略勾勒的郁金香图案（图47），构图率性随意而不刻求对称，这仍然与高更和新艺术有关；而后来设计的盘子在整个欧洲绝对独具一格。这诱导人们从中看出与康定斯基［Kandinsky］那个时期相类似的事物，而这些作品要早将近20年。人们可能应该想到高迪所处的年代，可是即使到那时，宾德斯博尔似乎仍然处于领先地位。宾德

46

45. 高更在阿望桥的许多朋友都以他为范本从事手工艺品的创作。丹麦画家延斯·费迪南·维卢姆森于1890年制作了这个以母亲、父亲和婴儿形象为轮廓的花瓶。

46. 埃米尔·贝尔纳也是阿望桥圈子中的一员，于1888年制作了这幅布列塔尼妇女摘梨的壁挂。

47

斯博尔（图48）的影响至今犹存，与我们此处的特定背景密切相关的是，这个成为陶工且实际上转变为手工艺人的建筑师的态度。

宾德斯博尔富有影响力的激进主义思想在其他地方都无处可寻。在英国，阿尔弗雷德·吉尔伯特［Alfred Gilbert］的纪念性雕塑获得了巨大成功，作品中某些半隐半显的特征与宾德斯博尔的激进主义思想最为接近。吉尔伯特是一位金属雕刻家，他把贵重金属用于雕刻小型作品，青铜用于创作大型纪念性雕塑作品，这是他的定规。作品中的人像被嵌入某种外硬内软的物质之中，有些物质恍若涌动的熔岩，有些则

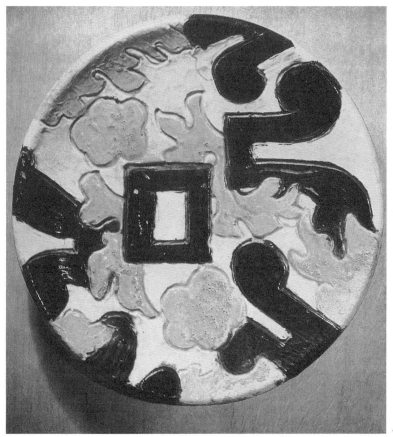

48

47. 丹麦人托瓦尔·宾德斯博尔成为他那一代最富有原创性的陶瓷艺术家。这只盘子制作于1891年，尽管自然主义风格的郁金香和不求对称的形状，受到东方的影响，而蜷曲的线条仍然属于新艺术。

48. 宾德斯博尔于1899年创作的一只晚期的盘子，带有明显的抽象装饰，这使他在当时欧洲其他艺术家中显得标新立异。这里展示的两只盘子都是用刮痕法［sgraffito］装饰的上釉陶器，而且形制颇巨——直径约为18英寸。

49

49. 阿尔弗雷德·吉尔伯特是英国新艺术运动最伟大的雕塑大师。在皮卡迪利广场"厄卢斯"喷泉底座上（作于1892年），为创作扭曲的海洋中的略带不祥的动物，他自由地放纵他的情趣。

处于风格奇异的形状之中（图49、50）。在其他国家只有安东尼·高迪［Antoni Gaudí］准备采用金属做出如此强烈的艺术表现。高迪不久将突现于我们的视野之中。他首先向铁这种材料发起挑战。他的父亲是一位铜匠，他在成长的过程中日复一日地看着金属熔化又成型。尝试把铁用于装饰目的的灵感也同样源自沃约利特-里-迪克的《对话录》，此书详细说明了铁拱顶［arches］间的拱肩［spandrels］细部，以及如何用

50. 桌子中央镶有珠母的银器，由吉尔伯特于1887年为维多利亚女王50周年庆典设计并由她的官员赠送给她。作品高3英尺多。

50

51

铁制作中世纪风格的叶饰（图52）。高迪于1878—1880年在巴塞罗那[Barcelona]建成了他的第一幢住宅比森斯公寓[Casa Vicens]，虽然采用了怪异的半摩尔式[semi-Moorish way]和同样怪异的尖钉状棕榈叶饰[palm-fronds]或星状铁栅栏（图51），但它仍然属于中世纪风格。他的第一项重要工作是于1885—1889年设计的奎尔宫[Palau Güell]（图109），它在形式上少了些我行我素而多了些取悦他人的味道，正门入口的抛物线状与铁的波浪状一样出人意料且不拘定规。熟铁易于弯曲又具有韧性，可用来制作至精至细的茎状饰线[stalk-like filaments]；这

51. 基于棕榈叶形的熟铁格栅，见于高迪早年的比森斯公寓，其制作年代约为1880年。作为铜匠之子，高迪滥用金属制品。

52. 出自沃约利特-里-迪克的《对话录》（1872年），说明了铸铁结构以及铁质叶饰在拱肩的使用。

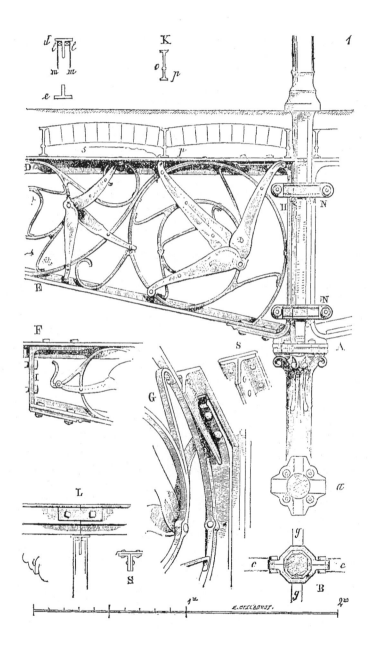

53

使铁成为新艺术所热衷的材料。

很快铁就在霍尔塔于1892—1893年设计的住宅中一展风采。我们已经提及此宅了（见第43页）。保罗-埃米尔·扬松路6号的著名楼梯（图88）装有裸露在外的细铁柱和细薄的卷须状铁栏杆[handrail]，另外，采用同样曲线的墙壁、地面和天花板并没有使用铁。人们相信，没有英国人麦克默多的影响，它不会被设计出来。我们不久就会明白，来自阿望桥的间接影响更显而易见。尽管我们正在这里讨论建筑，而楼梯

53. 《天使的注视》，由比利时设计师亨利·凡·德·维尔德创作于1891年。毫无疑问，它从阿望桥画派汲取了灵感。新艺术的精髓是：拥有一个可以识别的主题，但是每一条轮廓线都简化为波状曲线。

54. 奥布里斯特的绣制品《鞭笞》[Whiplash]（作于1892—1894年），犹如一件异国情调的植物平盘，显示出植物的叶子、蓓蕾、花朵和根部。奥布里斯特曾研究过植物学，并期待艺术"去歌颂至今才得以见到的自然，它那强有力的生命和巨大的、神圣的力量"。

的创作，譬如高迪的奎尔宫入口（图109），基本上是一种装饰创作。我们还没有从房屋结构及其设计者两方面为建筑做好准备。

的确，新艺术主要涉及装饰问题，更主要的是平面装饰问题，以至于有些人藉此否认它作为一种建筑风格的合理性。我们现在必须通过新艺术的进程和它在国际上存在的短暂成功来理解它。它大约肇始于1893年，而大约在1900年之前，它就被迫面对难以应付的对立者。1905年以后，它仅坚守在几个国度，并且大都囿于商业化创作，而在这些工作中曾经存在的创造力已经荡然无存。

纺织品和图书装帧艺术[the art of the book]引发了这场运动，因此，可以首先考虑它们。受点彩派画家[pointillistes]和高更影响的比利时画家亨利·凡·德·维尔德[Henri van de Velde]大约在1890年转向设计领域。正如我们所知道的，莫里斯首先做出这种转向。维尔德创作于1891年的花毯[tapestry]或者更确切的嵌花[appliqué]壁挂《天使的

54

55

注视》[Angels' Watch]（图53），只能被看作贝尔纳作品的翻版。它之所以引起我们的兴趣，是因为它的形式的安排和漫布的波状曲线将它完全划归新艺术。而树木比人像更严格地按传统风格来处理。一两年后，赫尔曼·奥布里斯特[Hermann Obrist]受生有根须的花的启发，制作了一件稀奇古怪的刺绣作品。它是一幅了不起的成功之作[tour de force]（图54）；如果我们把它与当时最优秀的英国纺织品相比，查尔斯·F.安斯利·沃伊齐的作品给人的第一印象是那些年代英国式的克制

56

55. 凡·德·维尔德第一次看到沃伊齐的设计作品时说道："似乎春天已经突然来临。"《水蛇》[Water-Snake]大约作于1890年，是一件充满活力的设计作品。沃伊齐与莫里斯、麦克默多是同行，可新艺术使他的早期设计清晰可辨。

56. 沃伊齐于1888年创作的一件印花棉织品《睡莲》[Nympheas]。

57   58

和理智。新艺术几乎不采取越轨行为。就此而言，已经被提及的阿尔弗雷德·吉尔伯特属于一个例外（图56）。另外，在后面我们将论及一位苏格兰人而非英格兰人。沃伊齐大约在1890年创作的纺织品（图55）明显受到麦克默多的影响，不过他的节奏更加适度、更具适应性（图32、33）。但是在不到十年后，沃伊齐就完全放弃了这种风格并转向另外一种风格，它更具原创性，却缺少新艺术风格。

在活字印刷方面，比利时再次居于关键地位。二十人社［Les Vingt］是具有冒险精神的艺术家俱乐部，其展览可能是欧洲最有勇气

57.乔治·莱门设计的二十人社展览目录（1891年）。与他的比利时同胞霍尔塔的老练世故相比，这件作品更接近高更的大胆和活力。

58—60. 凡·德·维尔德1896年在比利时为《现在和今后》杂志设计的自由的、旋涡形首字母（图58；又见图44），体现了由麦克默多（参见图27）和莫里斯发起的印刷字体复兴。在德国，奥托·埃克曼［Otto Echmann］设计的这份字母表（图59）和拉斯金《建筑的七盏明灯》的封面（图60），均作于约1900年。

的：1889年，展出了高更的作品；1890年，展出了凡·高［Van Gogh］的作品；1892年，展出了英国艺术家或手工艺人的图书装帧和作品。乔治·莱门［Georges Lemmen］为二十人社1891年的展品目录设计了扉页画（图57），以最显著的新艺术特征反映了高更的影响。1892年后，凡·德·维尔德转入图书装帧领域。他为马克斯·埃尔斯坎普［Max Elskamp］所作的《主日》［Dominical］扉页画（图44），与高更一年前画于塔希提岛的《拿斧头的男人》（图42）之间具有意料不到的相近之处。1896年为《今日与明日》［Van Nu en Straks］杂志设计的首字母（图58），轻快地采用了凸起而渐趋细窄的典型曲线，这犹如高更和以麦克默多为代表的后来英国图书装帧艺术家的那种做法。在此时，又与克尔姆斯戈特出版社古板的华丽之间形成了巨大的反差，从而使英国作品显得如此卓然不群地标新立异。经过几年的踟蹰，德国融入了比利时的新风格［new Belgian style］。早逝于1902年的奥托·埃克曼［Otto Echmann］和很快就痛悔这些放荡风格的彼得·贝伦斯［Peter Behrens］都是重要的设计师。埃克曼和贝伦斯先后于1894年和1895年舍弃绘画

59

60

61

转行设计。两人大约都在1900年设计了具有新艺术特征的字体以及图书装帧[book decoration]（图59、60）、广告公司的印刷品、图书护封设计[book jackets]、装订，等等。

论及图书装帧艺术必然涉及图书装订[book-binding]问题。如图所示，之所以选入南锡手工艺者勒内·维纳[René Wiener]的装订之作（图61），就在于它向我们展示了新艺术的另外一个方面。能以抽象或

61. 同样受到新思想影响的书籍装订：南锡的勒内·维纳是书籍装订的大师之一，他创作了这个带有版画的活页画夹，上面画有藤类和印刷机，由卡米尔·马丁[Camille Martin]于1894年设计并制作。

62. 维纳为福楼拜的《萨朗波》[Salammbô]做的装订设计（1893年），由卡米尔·马丁设计珐琅边角。负责此书皮革装潢[leather-work]的维克多·普鲁韦的设计暗喻福楼拜小说的内容，这本书他敬仰仰已久；它表现了摩洛[Moloch]、月亮女神坦尼特[Tanit]和在大蟒缠绕下扭动的萨郎波。

自然主义的方式获得严格规定的［*de rigueur*］不求对称的形状和曲线形拳曲形状；凡·德·维尔德坚信这一点，而南锡的艺术家们则不然。这两者并不完全是创新的。亨利·科尔及其朋友曾宣扬装饰"宁可抽象也不……模仿"[49]的必要性，而维多利亚时代所有国家的装饰艺术家无不沉迷于精确描绘玫瑰、白菜叶子和其他一切事物。而在加莱的工作室门上刻着这样的铭文："我们的根在林木之幽、泉水之侧、苔藓之上。"他还在一篇文章里写道："装饰植物的形式理所当然地适于用线条进行创作。"[50] "线条"一词在此处至关重要。在19世纪中期，自然主义一统天下，自然科学为人敬仰。教堂甚至用不同的方法准确模仿13世纪的主导风格，柱头［capitals］上刻画的叶状装饰图案比中世纪任何时候都更真实，不论是天然生长的树木还是成行的树篱，上面的叶子都被他们自豪地描画出来。新艺术设计师走进大自然，因为他们需要表现这些形式：自然所生的而非人为制造的形式，有机的而非结晶的形式，感官的而非理智的形式。

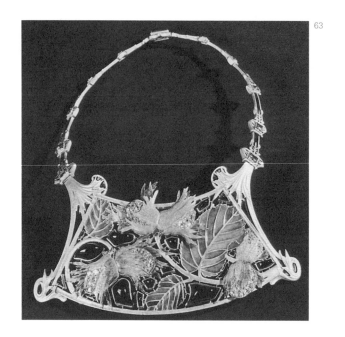

63

在法国南锡以及在其他国家的一部分人当中就有这些形式。而在另一方面，凡·德·维尔德则坚持整饬自然使之转化成装饰的智性过程。他说，装饰必须是"结构的［structural］和动感的［dynamographic］"；与"自然主义相关的丝毫联想"都会威胁装饰的永恒品质。[51]很少有人会像凡·德·维尔德那样思想激进；然而，作为原则问题，像沃伊齐这样的人就表示赞同："走进自然与走进根源当然

63. 拉利克于1900年设计的一条金银丝细工项链，有浅褐色的干果和浅浮雕的叶子，带有半透明的珐琅和钻石。

64. 新艺术风格的珠宝饰物为奇思妙想提供了最佳机会，勒内·拉利克于1901年设计的垂饰完美地融汇了自然和风格。流畅的线条被处理成花草的茎和女性的头发；在底部，垂挂着一颗珍珠，如同某种诱人的水果。

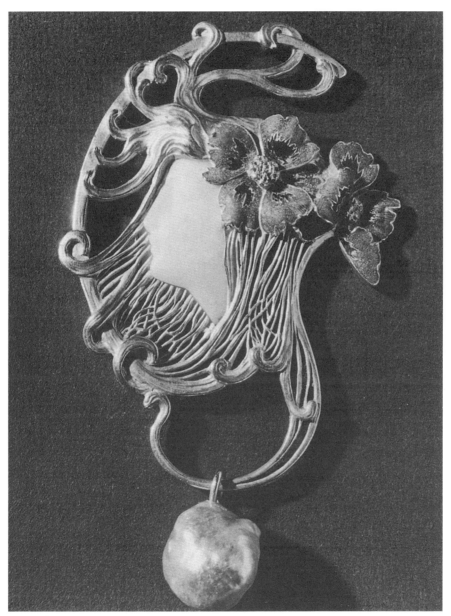

64

65

66

是一回事，但是……在鲜活的植物面前，必须经历一个煞费苦心的选择和分析过程。自然的形态只能被概括为象征符号。"[52]未来不属于自然主义画家，而终究属于抽象主义画家。因为新艺术一经传播就变得具有商业利用价值，凡·德·维尔德这种类型过于苛刻，而不太单纯的具有植物或女人体的优美曲线的装饰混合体一定更成功。

　　19世纪与20世纪之交是全世界获取成功的年代——至少在欧洲大陆上是这样。1900年巴黎世界博览会目录是新艺术的宝库。如图所示，勒内·拉利克[René Lalique]设计的带垂饰的项链在展览之列（图63），它跟拉利克的垂饰和胸针一样（图64），新艺术中自然因素

65. 威廉·卢卡斯·冯·克拉那赫设计的胸针汇聚了许多受人喜爱的新艺术母题，如昆虫、海洋生物、缠结的线条和一种腐化、恐吓的气氛。它表现了一只被章鱼勒死的蝴蝶。

66. 拉利克1894年以一只雄孔雀的形式设计的胸针，它的金尾巴镶嵌着月长石。

67. 乔治·亨治尔于1901年左右设计的棕色釉陶花瓶：奶油状的外层釉色任其随意流下。

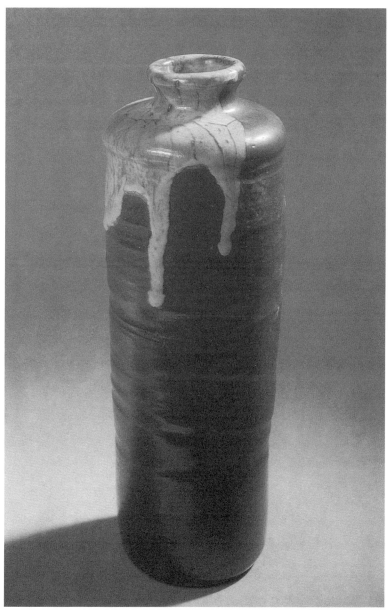

67

68

和风格因素在上面起了同样的作用。德国人威廉·卢卡斯·克拉那赫[Wilhelm Lucas von Cranach]设计的胸针（图65），取材于一条章鱼勒死一只蝴蝶。尽管它还是被看作抽象的，而这样的话或许优点更为突出。它优雅地展示了红、绿、蓝珐琅，巴洛克风格的珍珠和小宝石以及不甚珍贵的宝石。在拉利克的胸针上，孔雀的珐琅脖颈从黄金和月长石制成的羽毛中伸出来（图66）。对珠宝的论述，使我们已经从新艺术的平面创作转向立体创作。永恒的波状起伏原则没有理由不被运用于三维创作。的确，所有的材料都受到了影响。维克多·普鲁韦[Victor Prouvé]于1894年设计的名叫《夜》[Night]的青铜碗（图68），用飞扬的长发代替了麦克默多或奥布里斯特的花梗和叶子、拉利克的羽毛和克拉那赫的触须。每一次吸引手工艺人的东西总是自然的因素，这些因

68. 维克多·普鲁韦（参见图73）设计于1894年的青铜碗：《夜》，在飞扬的头发中，微型人像突然被托起，好像漂浮在大海的波涛之上。

69—71. 玻璃被拉制成新艺术风格的形状。蒂法尼（图70，1900年的一个花瓶）使它可以因位置不同而变换颜色；多姆兄弟在作于1893年名为《悲秋的番红花》[*Sorrowing Autumn Crocuses*]的紫色花瓶上（图69），将霜冻的鲜花图案与流淌的熔化的玻璃液滴集于一身；克平的酒杯呈鲜花状（图71），易损的花茎上面的叶子被处理成钵状。

72

素恰好适合新艺术的波状形式。

　　陶瓷[ceramics]，尤其是玻璃，是新艺术理想的创作媒介。这件深棕色陶花瓶（图67）由乔治·亨治尔[Georges Hoentschel]设计于1901年左右，它大胆使用了偶发下挂[running-down]的米色釉[glaze]，这可以作为前者的例证；多姆[Daum]兄弟于1893年制作的一件花瓶（图69），底部是番红花图案，高颈下挂釉色，以及著名的路易斯·C. 蒂法尼[Louis C. Tiffany]的法夫赖尔[Favrile]玻璃是后者的范例（图70）。蒂法尼一开始也是画家，后来转攻装饰性玻璃和彩色玻璃

72. 简朴和坚固：威廉·莫里斯的理想，代表了他自己的样式和菲利普·韦布的栎木家具（作于1858年后）。带有灯芯草座位的椅子（参见图9）在19世纪70年代及以后尤为流行。

73. 超越和技巧：欧仁·瓦兰为南锡的一名主顾用雪松木制作的餐厅（作于1903—1906年）。皮制镶板、天花板和餐具柜雕刻由普鲁韦完成，玻璃由多姆完成，铜枝形吊灯则由瓦兰本人完成。

[decorative and stained glass]。1893年，他创办了一个玻璃器皿吹制部门。弯曲、纤细的花瓶形式及其精细的、未予整体策划的闪色，这些特点成了欧洲的一种时尚样式；卡尔·克平[Karl Koepping]开始也是位画家，他最初的玻璃作品（图71）受到了蒂法尼的影响。

　　木材是一种不太容易加工的材料，而材质与新艺术的表达意愿之间时有抵触，许多新艺术家要忍受由此带来的痛苦。避免这种抵触的途径是限制在平面上做曲线装饰。通常，材料必须服从风格需要，这作为一条定律在法国受到绝对信奉。事实上，法国是新艺术持续最长久的国家。在法国有两个新艺术中心：巴黎，当然还有南锡。一个外省首府与一国之都竞争，这种事在蒸蒸日上的20世纪这样的大都市文明时期不大可能发生。然而，在格拉斯哥也出现了这种情形。南锡是加莱的故乡，

73

也是一群手工艺人或手工制造者的故乡。加莱坚信，自然是装饰的源泉（图74）；他们最初无不受此影响。继加莱之后，路易·马若雷勒[Louis Majorelle]享有盛名。他过去常常先把家具用黏土做成模型，然后才用木料制作出来（图75）。制作新艺术家具需要艰难的尝试，由此可见一斑。

新艺术像巴洛克一样宣称总体艺术作品［*Gesamtkunstwerk*］* 。只有极少数人能在不清楚预定情景的条件下，适当处理一件单独的作品。那就只有禁止或应该早就禁止大量生产这件作品。随着下一代恣意破坏前辈之作这种典型行为的发生，绝大多数新艺术作品的总体效

* 指一个环境中的所集合的全部作品，例如一个餐厅中的所有家具、用具和厅内装饰等等。——译者注

74

75 76

果[*ensembles*]已经不复存在。幸运的是，欧仁·瓦兰设计的一个完整餐厅在南锡学院博物馆[Musée de l'Ecole de Nancy]重新装配起来（图73），但已经被改变和缩减。这仅仅始于1903年，而别的领先国家此时已经在疏远新艺术了。打量着这个房间并试图把它当作一个居住场所时，就会明白个中究竟了。如此极端的表现很快就会使人厌烦。家具应该作为一处背景；在这儿，反而觉得它们成了入侵者。它也存在着功能与形式之间的不断冲突：桌腿很不恰当地在脚部隆起，

74. 埃米尔·加莱于1904年制作的大蝴蝶床，再次展示了流行的昆虫式样，这是他的绝作。他病卧椅上目睹了它的完成，同年与世长辞。

75. 路易·马若雷勒用黏土创作他的家具模型，由此获取的自由风格在他用桃花心木、罗望子树木料和镀金青铜制成的桌子中（作于1902年）显而易见。

76. 亚历山大·沙尔庞捷的旋转状鹅耳枥木音乐架，较之图75更进了一步。它作于1901年，属于全部设计的一部分。图75、76这两件设计作品更适合于金属或塑料材质。

77

呈现硕乳状的门和深凹的搁架。最后，人们可能会担心木材被用于展示陶瓷或金属曲线。

　　最大胆的作品之一出现在亚历山大·沙尔庞捷[Alexandre Charpentier]的音乐室。图示中的乐谱架完美地体现了新艺术的立体曲线，它在空间方面的设计独到而恰当，但功能方面则令人不敢恭维。他在成为装饰艺术家之前是一位雕塑家（图76）。他属于巴黎人小组五人

77. 欧仁·加亚尔的家具更加简洁，像这件1911年的青龙木长沙发，用新艺术语言领悟了法国古典家具。

78

79

80

78. 亨利·凡·德·维尔德1896年设计的一张书桌，采用了丰富的新艺术曲线，但在总体效果上，外形简洁而富于功效。

79、80. 奥托·埃克曼设计的扶手椅（作于1900年，左图）和理查德·里默施密德设计的扶手椅（作于1903年，右图）。

81

82

社[Les Cinq]中的一员，不久（至普吕梅[Plumet]到来时）又成为六人社[Les Six]中的一员。他们在巴黎形成一个手工艺复兴的中心；宾的新艺术商店[L'Art Nouveau]成为另外一个中心，当然是一个更加国际化的中心。欧仁·加亚尔[Eugène Gaillard]与宾的联系特别密切，他的后期作品指示了一条走出新艺术绝境的法国道路（图77）。他在1906年就说过，家具应该具备它的功能，应该与材质保持一致，而曲线应该仅仅用于装饰。他从未蓄意模仿最精美的18世纪家具的原则和形式，但是他的家具的确回归于此。

在这些法国作品之后，凡·德·维尔德作于1896年的大书桌以其激进且紧凑给人留下了深刻的印象（图78）。它既没有瓦兰餐室的粗大笨重，也没有加亚尔对古典传统犹抱琵琶式的同情。1897年，德国人对凡·德·维尔德首次展出的作品也令人印象至深。的确，比起比利时和

83

81—84. 具有真正的雕塑特征的家具：这一点在恩德尔1899年的扶手椅中有所收敛（图83），而高迪在1896—1904年为卡尔韦特公寓设计的椅子中则挥洒自如（图81、82）。高迪为圣哥仑玛·德·塞瓦隆村设计的长凳（图84，又见图106），宛若用粗糙的铁腿站着的昆虫。

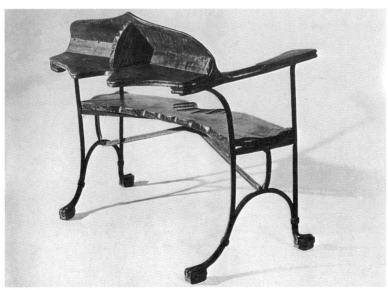

84

85

法国，德国起步晚了一些，但是，富于个性的人士很快就参与了新艺术运动并创作了杰出的作品。奥托·埃克曼[Otto Eckmann]以印刷工和图书装帧艺术家的身份而闻名。约1898年，他为黑森大公[Grand Duke of Hessen]设计家具（图79），鉴于他在图书装帧中对自然形式的自由运用，这件家具的结构令人吃惊。这种似乎自相矛盾的解决方法必定出自凡·德·维尔德。在他们的鼓舞下，理查德·里默施密德[Richard Riemerschmid]设计的椅子更加英国化；有些人这样做是出于社会原因和审美原因，而当他疏远新艺术时，也就与那些人为伍了。在德国，奥古斯特·恩德尔[August Endell]的作品在装饰领域最具原创性（图80），我们会在后面的另外一章中看到这一点。他的家具广为人知，在于它们具有一种稀奇古怪的塑料特性——真正的英语词义上的塑料——迥异于目前被检讨的任何作品（图83）。图示的椅子扶手顶端的旋涡装饰尤具说服力，它既有审美性又有功能性。

86

85. 圣哥仑玛·德·塞瓦隆的教堂地下室入口，由高迪修建于1898—1914年。材料是粗糙的石头、砖块、水泥、柱形玄武岩（左边的柱子），拱顶的砖块层层叠放。细节设计在现场完成，而不是在画板上。

86. 高迪给环绕奎尔公园的蜿蜒长凳覆盖上闪亮的瓷砖碎片，创造了一道无休无止、富有趣味的风景。

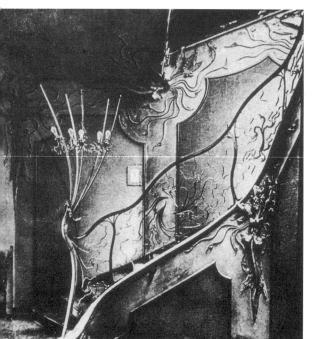

87

　　另外，只有一位家具设计者也这样行事，他既不是德国人，也不是法国人，更不是英国人，实际上也不是家具设计师。安东尼·高迪于

87. 奥古斯特·恩德尔的埃尔维拉艺术家工作室（建于1896年，毁于1944年）明显受到霍尔塔楼梯的影响（图88）；楼梯似乎像一些被卷须缠绕的水生植物的茎漂浮着，尖而长的枝状灯具有着出人意料的视觉效果。

88. 布鲁塞尔保罗-埃米尔·扬松路6号的住宅楼梯（建于1892—1893年），霍尔塔既在支柱上利用了铁的坚实力量，又在扶手和"柱头"的自由平滑的线条方面利用了铁的韧性，这些线条还重复出现于壁画和马赛克之中。

89. 慕尼黑埃尔维拉艺术家工作室的正面，由奥古斯特·恩德尔设计。大型的红色和青绿色浮雕粉饰[stucco]、窗户的形状和扭曲的磨光铁条使平面产生了动感。

1896—1904年为卡尔韦特公寓[Casa Calvet]设计的椅子和恩德尔的作品具有相同的特性，却有些走火入魔（图81、82）。高迪的作品属于新艺术，力求远离直线，疏远与传统的一切联系，并狂热地追求个性化。所有这些骨头似[bone-like]的构成因素都属于高迪的语言。高迪于1898—1914年在圣哥仑玛·德·塞瓦隆[Santa Coloma de Cervelló]为奎尔工业区的小教堂制作的家具最令人称奇。一部分设计作品正在试图像当时的绘画那样抛弃艺术中所有的既定模式（图84）。这件作品就是这样，长凳的支架，尤其凳脚和凳座本身，颇具野兽的特征，这对新艺术的确有所突破。

　　高迪的建筑甚至更急切地提出了这样一个问题：新艺术具有"可以分解的"[analysable]、"有用的"[useful]这样的含义，那么，它的外延能引申到多远。他首先是高迪，这毫无疑问。比森斯公寓的铁制

90. 比利时最重要的新艺术建筑师——霍尔塔于1895—1900年为一位富有的顾主修建的索尔维饭店，其正面由平坦而弯曲的表面形成一种复杂的安排，表面的装饰似乎不适合材料。

91、92. 室内楼梯又采用了霍尔塔金碧辉煌的铁制品（甚至连间柱[studs]也成为设计的一部分）以及同样格调的彩色玻璃。

91

92

93

93. 霍尔塔自己的住宅，位于布鲁塞尔美国路[rue Américaine]（1898—1899年）：卷须状的铁支架盘绕在阳台上，支柱上的叶饰仿佛他早些时候设计的楼梯（参见图88）。

品（图51）和奎尔宫的拱门[portal]（图109）已经证实了这一点。但是，显而易见，高迪的观点和新艺术观点在许多方面是一致的。

然而，这里牵扯到一个更大的问题。不止一位学者否认新艺术建筑的存在。有人争辩：新艺术不过是一种持续了不到十年的装饰形式，因而不该受到最近所给予的高度关注；这些争论无一能持续下来。新艺术建筑形成了一个有系统的序列，并由高迪画上终止符，也许值得按照这一顺序观赏一些建筑物的外部和内部构造。最好的开端是恩德尔在慕尼黑的埃尔维拉艺术家工作室[Atelier Elvira]（图89），不幸的是它没有被

94. 霍尔塔的人民之家的礼堂（设计于1896年，作为一个巨大的社会活动中心）：铁框架[framework]完全裸露，而霍尔塔在曲线金属结构方面的天才设计使它变得很柔和。

94

保存下来。它平坦的正面基本上是新艺术风格，的确如此，它采用巨型的硬壳类抽象装饰手法，但并不仅限于此。不对称的门窗比例、窗户的顶端、像用绳环系起的窗帘一般的入口[doorway]以及磨光铁杆，全都发挥着各自的作用。当你进入这幢房子，一个带楼梯的门厅迎面而来，里面所有的形式都呈波浪状（图87），而不仅仅是用于墙壁的这些波浪状。楼梯间的扶手[handrail]、端柱[newel post]和灯具从中心柱急速上升，所有这一切都属于建筑特征，即立体的与清晰的内部空间。霍尔塔在保罗–埃米尔·扬松路的住宅在当时受到广泛宣传，它的楼梯间闻名遐迩（图88），是建筑样板，这无须置疑；它的细长铁柱[pillar]也具有名副其实的建筑意义。毋庸置疑，建筑内部的新奇事物往往不适合于外部，这曾是埃尔维拉艺术家工作室所遇到的情形。但是，如果看看霍尔

95

塔建于1898—1899年的私人住宅正面，或者此前建于1895—1900年的索尔维饭店[Hôtel Solvay]，人们又会看到同样细长的铁支柱，在它们四周环绕同样弯曲的铁饰部件，而且具有与内部相同的透明感（图90、93）。

总之，在新艺术运动时期，铁的角色十分有趣，颇值得撰文一述。铁既是一种装饰材料，也是一种结构材料。沃约利特-里-迪克已经认识到这一点（图52），并建议铁以这两种身份出现在同一座建筑中。在这一方面，他是源头。接着，便与他无关了。铁以及后来出现的钢在外部与玻璃结合，成为在技术上最适用于工厂、仓库和办公大楼的材料。铁以其深受推许的质量而用于纯粹的格栅。这取决于它自身的原因

95. 布鲁塞尔人民之家的正面——霍尔塔设计于1896—1899年，1965—1966年被拆毁——在预制砖板[brick panels]之间的弯曲墙体使用了铁和玻璃。

96. 泽林于1898年设计的柏林蒂茨百货商店：巨大的墙面采用带铁框的大玻璃，而砖石结构是保守的新巴洛克风格。

而不是出于审美原因，格栅的审美可能性到20世纪才被发现。可是，新艺术对于发现铁和玻璃的审美可能性必须保持信任——即使它们的特性与格栅的特性毫无关系。新艺术崇拜光线、纤细、透明，当然还有弯曲。铁意味着可以制作细小部件和被加工成细长状的东西。铁和玻璃用于建筑外观，这产生了建筑内部单独使用铁所获得的同样的透明感。霍尔塔建于1896—1899年的人民之家［Maison du Peuple］（图94、95）是美国办公大楼的新艺术版。它与美国的办公大楼都依靠铁，却采用了截然相反的方式。在美国，虽然建筑正面是包着钢的石头，但是钢材却仍然控制着结构和外观；在人民之家，铁框架是可视的（图95），铁的旋律回荡于框架之间，渲染出永恒的新艺术曲线主题——总的来说也是建筑立面的主题。铁、玻璃、钢和砖的节奏无休无止，而且建筑物也不被当作一个整体处理。在巨大的厅堂内部，铁在各处暴露无遗，但使用效

97

98

果不佳，这主要归咎于曲线部分的使用（图94）。在那些年代，最大胆使用玻璃的商业性建筑是1898年由伯恩哈德·泽林[Bernhard Sehring]设计的柏林蒂茨百货商店[Tietz Department Store]，它的左、右、中部耸立着三根华而不实的粗大巴洛克风格的石柱，而其细节与新艺术毫无关系，其余部分是镶嵌在铁竖杆和铁横杆之间的玻璃（图96）。

在法国，对新材料的潜力最敏感的建筑师是埃克托尔·吉马尔[Hector Guimard]（图97、98）。巴黎地铁[Paris Métro]允许他把专

97、98. 埃克托尔·吉马尔为巴黎地铁设计的入口，可能是现今最显眼的新艺术子遗。它建于1899—1904年，现在仍然是有效的路标。

用新材料设计大都市地下铁路这种相当新颖的想法付诸现实，这恰好让他那与时俱进的敏锐感得以大显身手。地铁入口的总体感觉确实轻巧，能很好地传达高速运输的概念。它细部的圆凸和骨状，与其说像别人倒不如说更像十多年前的阿尔弗雷德·吉尔伯特的做法。然而，它们拒直线于门外（图99），创造性的感觉贯穿始终，因而使它们牢牢地置身于新艺术的行列。吉马尔的伟大杰作 [magnum opus] 是 1897—1898 年设计的贝朗热城堡 [Castel Béranger]。一方面，它的正面设计不属于新艺术。它将各种母题堆积在一起，这种做法是创新的——即便这样说有些牵强——但它在许多细节上是生硬的、静止的、坚固的、传统的（图100、102）。另一方面，铁制的主门和在入口的赤陶镶板都属于新艺术，而且后者在纯抽象的装饰方面非常大胆。屋顶上一件罕见的铁制作品的局部，使人想起另外一位冒险涉足纯抽象的建筑师——在埃尔维拉艺术家工作室采用“岩状装饰” [rocaille] 的恩德尔（图89）。事实上，上面龙的形象也同样暗含一些纯抽象的东西。然而，楼梯的墙壁在历史上更令人称奇，这堵墙上采用了沉重的双层曲线结构的玻璃镶板，图形在镶板上交替出现，表面凸凹不平，产生了手工艺人期望在赤陶镶板 [terracotta panels] 中必须产生的效果（图101）。

吉马尔对材料的驾轻就熟以及从中得到的意外效果，乃至他采用的一些形式，是唯一足以安全抵达高迪世界的道路；除此以外，几乎无路可走。假如他不是在巴塞罗那孤军奋战，假如不是全国范围内的顾主乐于接受异想天开的建筑，他的原则性绝不可能发挥得如此淋漓尽致。尽管西班牙巴洛克建筑繁复的外部装饰和16世纪建筑中使人联想到银盘的繁缛装饰已经令人困惑至极，但是相对于高迪之作而言还是略逊一筹。高迪肯定了解这些西班牙的建筑风格，却似乎未受其影响。另一方面，西班牙南部建筑的穆斯林风格 [Mohammedan] 以及摩洛哥 [Morocco] 民间建筑风格也一定给他留下了深刻印象。而且

99、100 吉马尔的装饰与霍尔塔同样与众不同。

99. 吉马尔设计的地铁入口局部：铁制铸件呈奇异而有机的蓓蕾形，中间镶嵌了一盏琥珀色的玻璃灯。

100. 吉马尔设计于1897—1898年的巴黎公寓大楼——贝朗热城堡入口处的赤陶镶板；其显然"适宜时代"[Belle Epoque]，但没有基于自然。

◀ 101

102

他也极有可能从杂志上得知新艺术如何在法国获得成功，因此，他的巴特罗公寓［Casa Batlló］和米拉公寓［Casa Milá］这两幢大楼内的一些细节，完全是法国新艺术风格。奎尔公园的混凝土树［concrete trees］（图103—105）——当然是没有叶子的——就像法国混凝土狂埃内比克［Hennebique］的作品那样，是一件富于想象力的作品。尽管他的创造力无法遏止，可是至少在他的两项后期作品中——1905年开始修建的巴特罗公寓和米拉公寓——表现出的创造力仍在新艺术的苑囿之内（图

101、102 吉马尔的贝朗热城堡两处局部：（上图）蚀孔的海马状铸铁；（左图）楼梯间的玻璃砖幕墙［glass-brick wall］，镶嵌在铁框架之中。早在布鲁尼奥·陶特［Bruno Taut］的玻璃屋之前（参见图180），它就已预演了20年代和30年代令人喜爱的母题。

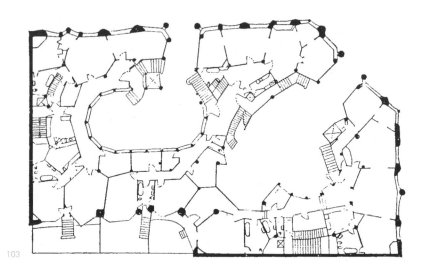

103

104、105）。

当人们走在巴塞罗那格拉西亚大道［Paseo de Gracia］上意外地看到这些建筑物的正面时，究竟是什么东西让人大吃一惊呢？这些建筑的整个正面舒缓、迟钝，甚至有些恐吓的气氛，正如有些人所说，它如熔岩一般；其他人则说，它好像是大海雕蚀而成的；还有一些人说，它仿佛是废弃已久的矿坑采掘面。总之，这里有波浪形，有对凡·德·维尔德所谓的自然"结构化"［structurized］的共鸣。最后需要说的是，这里有对功能主义优点的漠视，这严重危及新艺术的建筑和装饰。阳台栏杆迎面直刺而来，始终弯曲的墙壁使家具无法令人满意地靠立在上面，这不过是两个例证。高迪那两处后期建筑之所以比同期建筑师的作品

103. 高迪的米拉公寓第一层的平面图，始于1905年。直到最后竣工时它还保持机动性，插入了隔板墙。

104. 高迪的米拉公寓正面的局部：把凹形的黑色石头有意造成波浪状，并建有海藻状阳台。

更为高明，就在于它们具有无穷的力量、块状动感和独特的构想（图103）。已提及的米拉公寓设计图足以证明新艺术原则不仅能够运用于线条和支柱，也能运用于空间。

只要人们把目光聚集在高迪1903年以后的作品上，高迪在欧洲新艺术运动中的定位就容易多了。然而，早在3年前，他开始修建奎尔公园；早在5年前，他已开始修建圣哥仑玛·德·塞瓦隆的小教堂。这所教堂建在一个工业区，归高迪的赞助商欧塞维奥·奎尔[Eusebio Güell]所有。它没有任何波动的线条，所有的线条无不清晰可见、折角分明、遒劲有力（图106）。但是，这些线条拥有自己的风格，就像格拉西亚公共大道上的住宅一样出人意料。如果在最狂热的卡利加里博士[Dr. Caligari]的梦境中寻找某种对照，会提醒人们想到20世纪20年代德国表现主义[German Expressionism]，而不是新艺术。就新艺术反对传统、反对直角而言，圣哥仑玛的小教堂当然合乎要求；就新艺术鼓励个人主义[individualism]表现而言，它也符合要求。也许，那就已经足够了。这座小型建筑在竣工之前就被废弃，与弗兰克·劳埃德·赖特[Frank Lloyd Wright]已完成的任何作品或梦寐以求的空间交汇相比，它在内外空间的渗透交错方面更为大胆。尽管保持了从入口到祭坛[altar]的轴线，墙壁却似乎是随意的之字形。但是，通道完全不对称，甚至内部的圆形扶壁也左右不符。然而，支柱与地面呈斜角，它们这儿用砖，那儿用石块，外形粗糙或者干脆不成形（图85、106）；它们还用来支撑肋拱，肋拱的细部似乎又不是事先在办公室设计好的，而是在现场施工时临时决定的。

这种情况也适合于奎尔公园的类似结构。在奎尔公园，你也会看

105. 高迪在巴特罗公寓（1905—1907年）用彩色瓷砖重新贴盖建筑物的陈旧部分，增添了波纹状石头入口和凸窗以及阴森的尖刺状铁制阳台，最后以橘红色到深绿色逐渐变化的陡峭瓷瓦屋顶结束。

到歪歪扭扭的倾斜支柱、相当规范却又倾斜的多立克式[Doric]圆柱、钟乳石状拱顶、间距甚远的混凝土死树；还有迷人的长椅背部，它隔离出一个开放的空间，供保姆小憩，孩子玩耍（图86）。这个弯曲而低垂的椅背，犹如一条大蛇或诺亚大洪水之前的某种妖怪，它凭借美妙而明快的颜色及其纷杂的关系呈现出一派欢快的景象。座位覆以彩陶和瓷片；然而，高迪不仅在此处，还在他设计的那些住宅屋顶和他的圣家堂[Sagrada Familia]的尖顶上（图108），使用了打破的杯子和托盘、用于铺地和贴墙的瓷砖以及各种碎片。高迪在此更接近于毕加索[Picasso]而不是新艺术实践者。

圣家堂贯穿了高迪的创作生涯（图107、108）。他对此越来越倾尽全力，最终将其他一切都置之度外。因为高迪是一位虔诚的天主教徒，宗教是他生活的轴心，新艺术所实验的唯美主义在他那儿荡然无存。1884年，他负责一座刚刚开始修建的新哥特式建筑。他继续采用那种风格，随后逐渐变得更加自由、更加大胆。当人们面对南侧耳堂[transept]的巨大正面时，就能看到这个追求自由的进程。耳堂的下部建有三个入口，入口的山墙巍峨高耸，属于法国哥特式主教堂类型，只是在表面饰以加工过的岩石和自然主义的叶饰。塔楼史无前例，却在1903年才开始修建。令人难以置信的是，工匠按照建筑师的设计图纸完成了这些小尖顶[pinnacles]（图108）。

建筑师这种职业确立于19世纪并将延续到20世纪，从这种意义而言，高迪不是建筑师。他不是在办公室工作的职业人员，他在本质上还是中世纪的匠人，他的规划可能画在图纸上，但从未最终完成，只有当他仔细观察这份规划的实施情况后，他才会做出最终的决定。在高迪身上，威廉·莫里斯的理想终于得以实现——他所建造的东西可以"取之于民，用之于民"，而且无疑是"制造者的快乐"，也就是说，制造者实际上仍是泥瓦工。

106

这种说法十分重要；因为高迪最近被拥立为20世纪建筑的先锋，内尔韦［Nervi］的先声者。但是，他在新形式和新材料领域的确超前，他对实验应变和应力的复杂模型的使用，是我们这个时代的工程建筑师根本做不到的。奉行个人主义的手工艺人、外行人以及孤独的、我行我素的发明家反而运用这种方法。

在这种极端的个人主义方面，高迪再次成为新艺术运动的一部分。因为新艺术运动首先是个人主义的爆发。它完全成功地依赖于个人力量和设计者或手工艺人的敏感性。它所能表达出来的内涵正是使它

106. 位于圣哥仑玛·德·塞瓦隆的地下室，始建于1898年，高迪在平面、质地和材料各方面的兴趣由此一目了然；他在工程方面的直觉的引导下，使墙体的角度和支柱在结构方面达到很好的效果。他还设计了长凳（参见图84）。

107

107、108. 高迪的圣家堂的耳堂正面，大约始建于1887年。它对哥特式建筑做了自由发挥，至20世纪以荒诞的立体主义小尖顶而完工。

109

如此迅速毁灭的原因。申克尔[Schinkel]的风格、桑佩尔的风格、皮尔森[Pearson]的风格和美术学院[Ecole des Beaux-Arts]的风格能够被普通人正常传授及使用。凡·德·维尔德和蒂法尼风格被商品化是一种灾难。高迪风格的商品化几乎未曾尝试。这种个人主义直到20世纪的尽头都和新艺术拴在一起;这种个人主义在坚持手工艺、反对工业化方面,直到这个世纪的尽头都同样和新艺术拴在一起;这种个人主义在贵重材料或者至少是有效的材料方面体验的快乐,直到这个世纪的尽头都最终

109. 高迪的奎尔宫(建于1844—1849年),有两个采用加泰隆传统风格的铁制拱门。出于装饰和结构上的需要,高迪采用了抛物线状的拱门这样一种未来的形式。

110. 奎尔公园入口,始建于1900年。夹在两个亭子之间的台阶环绕着一个蛇形喷泉;它们通往带有多立克柱廊[Doric colonnade]的商业中心大厅。

110

和新艺术拴在一起。

　　然而，新艺术运动跨立在两个世纪之间的分界线上，它的历史意义在于超前的革新方法。在这些篇章里曾不止一次地提到过，它是对延续19世纪的历史主义的抗拒，是坚信自己具有发明创造的勇气，是关注日用品而非关注绘画和雕像。

111

111. 在英国，风格简洁朴实的直线与欧洲大陆新艺术赏心悦目的曲线相匹敌，实际上已取代了这种曲线。这张书桌由麦克默多制作于1886年。

第三章 | 来自英国的新动力

正是在日常用品这一方面，英国激发了新艺术，这一点至为关键。威廉·莫里斯的启示处处引人注意。但在其他方面，英国与欧洲大陆的关系发展到19世纪90年代变得更为错综复杂。这种关系应当受到密切关注。当时的情况是这样的，19世纪80年代，莫里斯的设计艺术已臻于最丰硕、最谐调的成熟期，这一点必须记住。自然与风格化之间的结合已经形成，这一方面前无古人。同时，在建筑领域，至少在住宅建筑领域，韦布和肖已经击溃了维多利亚时代的浮华奢侈，重新倡导以人为本的衡量尺度[a human scale]和易于感受或至少清晰易懂的细节。在1890年之前，莫里斯和肖、韦布的衣钵都被继承下来。艺术和手工艺展览学会[Arts and Crafts Exhibition Society]已经成立了，进步的建筑学刊物也开始采用沃伊齐、欧内斯特·牛顿[Ernest Newton]、里卡多[Ricardo]等人的设计作为插图。同时，年轻的艺术家又力求突破以莫里斯和肖为代表的、开明的传统主义[traditionalism]，这场艺术和手工艺运动[Arts and Crafts movement]也从他们那里获益匪浅。正如我们所知，麦克默多是他们的领袖。麦克默多及其1883年为有关雷恩一书设计的扉页正是新艺术的起点（图27）。他的世纪行会出版的《木马》杂志影响巨大（图30），比亚兹莱[Beardsley]承担的英国图书装帧艺术恰好从中受惠。19世纪90年代，欧洲大陆的新艺术运动对此欣然致谢，并以英国为先例形成了自己的民族形式；而英国自己对此却不屑一顾，宁愿追随莫里斯和肖而不效仿新艺术。

诚然，或许最令人吃惊的还是，当麦克默多进入建筑和家具设计时，他没有采用图书装帧和纺织品中的曲线特点。某些人认为，麦克默

112

112. 在这把19世纪80年代早期设计的椅子上，麦克默多使用了传统的形式，但也采用了他那颇具影响的扉页设计中的盘旋状植物形式（参见图27）。

多设计于1881年的一把早期的椅子（图112）[53]，撇开与雷恩的书籍扉页有直接关系的装饰（图27）不谈，它至少有一个弯曲优美的椅背，但是这缺乏足够的证据。而1886年的一张小书桌（图111）和同年的利物浦展台（图113）则是完全合理的，并采用了长方形。它们独有的方式与几年前的原始新艺术同样富有原创性，可是它们的独到之处在于纤细的方柱和高高突起的奇妙帽子，或者说由方柱支撑的檐口[cornice]。

这种母题对早期的沃伊齐和麦金托什[Mackintosh]影响颇大，而且沃伊齐早期的纺织品设计深受麦克默多的影响。查尔斯·F.安斯利·沃伊齐必须被看作1900年前后20年间的核心人物。他的住宅建筑风格形成于1890年。1891年，在伦敦西肯辛顿修建小型艺术家工作室时（图114），他的设计已经具备了低矮、舒适、平展的特

113

点，带状敞式窗户未经雕饰，还有光裸的墙壁和由大渐小的烟囱体[chimneystacks]。它不再保留肖和韦布那个时期的诸多细节，但仍然具有浓厚的时代风味，即都铎式[Tudor]或斯图亚特式[Stuart]乡村小屋或庄园主住宅的风味。这座工作室与莫里斯的设计同样具有创新精神，但很难说有更大的创新。在19世纪90年代晚期和1900年之后不久（图115、116），沃伊齐作为一名中型私人住宅的设计师，获得了极大的成功。他取得成功有其充分的理由，因为他的规划简单易行，同时他

113. 1886年，麦克默多继续保持世纪行会展台的革命性棱角：细细的、垂直的柱子和"灰浆板"式的顶部['motar-board' tops]，不久又被沃伊齐和麦金托什波采用并波及奥地利和瑞典。

114

的住宅适合它们的环境，其简易的几何形使人耳目一新；这些尤其合情合理，既不激进，也不苛求。

　　同时代的其他英国建筑师没有人能比E. S.普赖尔[E. S. Prior]、W. R.莱瑟拜[W. R. Lethaby]和年轻得多的埃德温·莱琴斯更加大胆。普赖尔作为学者，比作为建筑师更为出色。在1895—1905年左右，他修建了一些住宅，这些住宅将沃伊齐对16或17世纪的认同感与当地风行的

114. 伦敦西肯辛顿的艺术家工作室，由沃伊齐设计于1891年，它的设计不求雕饰又十分合理。注意全部都是沃伊齐式的特征——有灰泥卵石的底灰，宽敞的门洞，呈斜坡的扶壁。

115、116. 沃伊齐致力于研究乡村住宅。位于温德尔默湖滨的布罗德利斯宅邸[Broadleys]（图115），建于1898年，其简朴的凸窗带有未经雕饰的直棂，这一点非同一般。位于萨里郡珀福德·康芒[Pyrford Common]的沃丁宅邸[Vodin House]的入口（图116），更加简朴，它建于1902年。

115

116

117

混合型材料的使用结合起来（图117）。建筑采用自然状态的小砖块和细砾相间搭配的形式，这几乎使人联想到高迪。莱琴斯是一位杰出的天才人物，他后来舍弃了进一步的发展，带头回归1890年后由肖的建筑首先采用的高贵风格[grand manner]。对于这种新巴洛克风格[neo-Baroque]或新古典主义风格[neo-Classicism]我们无需挂虑，它在官方建筑领域几乎一统天下。像尼罗普[Nyrop]始建于1893年的哥本哈根市政厅、贝尔拉赫[Berlage]于1898年兴建的阿姆斯特丹证券交易所这样的公共建筑（图119、120），对传统材料的自由处理手法不同寻常，尼罗普起码比沃伊齐更注重牢固的基础。莱琴斯于1897年修建的泰格伯恩法院[Tigbourne Court]完美地体现了他的天才以及戏剧性的生动尝试（图118）。

　　W. R.莱瑟拜[W. R. Lethaby]设计的教堂于1900—1902年建于布鲁克汉普顿[Brockhampton]，它尽管也颇具戏剧性，但是失却了莱琴斯的趣味（图121）。继莫里斯这位在英国建筑和设计方面最具建设性的

117. 位于诺福克郡的霍姆宅邸[Home Place]，由E. S. 普赖尔设计于1904—1906年。普赖尔尽力重新启用当地的风格和当地的材料，他宁愿以"施工人员"[builder]而不是建筑师的身份为人所知。但在霍姆宅邸，他把燧石、瓷瓦和砖混搭运用，这种异国情调使他远离本土，几乎进入高迪的领地。

118. 埃德温·莱琴斯的早期作品，与诺尔曼·肖的作品一样，充满智慧，也在建筑方面体现出巨大的创造力。1897年建于萨里郡的泰格伯恩法院是莱琴斯巅峰时期的作品。请注意整体上的戏剧化体面，三个山墙与极度高耸的烟囱体之间的关系，以及像带有流畅条饰的粗凿石制构件[rusticated stonework]这样的细节。

◀ 119

120

119. 阿姆斯特丹证券交易所内景，建于1898—1903年。贝尔拉赫使用传统的红砖和石砌面［stone dressings］，而石料故意采用巨大、棱角分明的风格；大型的铁制顶棚暴露无遗，毫无装饰。

120. 马丁·尼罗普于1892—1905年设计的哥本哈根市政厅。它的正面和玻璃围成的宽敞大院仍有许多荷兰16世纪和17世纪早期的母题，而这些母题被运用得如此自如，就如同沃伊齐运用都铎母题一样。

◀ 121

121. 万圣堂内景，位于赫里福德郡罗斯附近的布鲁克汉普顿[Brockhampton-by-Ross]，由W. R. 莱瑟拜设计于1900—1902年。混凝土结构的隧道穹顶[tunnel-vault]与哥特式相比更像表现主义。它外面加盖了茅草屋顶，具有艺术和手工艺运动的矛盾特征。

122. C. F. A. 沃伊齐大约在1906年设计的钟表，用镶有象牙的乌木制成。透雕细工顶冠内衬有黄色丝绸并用一个黄铜圆球加冠，黄铜圆球和其他饰件一样耸立有致。

122

思想家之后，莱瑟拜在完成布鲁克汉普顿的建筑之后完全放弃了艺术实践，而在伦敦艺术和手工艺中心学校[London Central School of Arts and Crafts]任教。这所学校是当时最先进的学府。莱瑟拜在他的著作中介绍了从手工艺到工业设计的进程，在这一进程中出现了沃伊齐和其他以设计师为业的人物（图122）。但是，唯有在英国的莱瑟拜方才明白：仅仅关注生产技术是远远不够的。莱瑟拜设想出一种工业设计的风格，而这种风格在别的国家通过实践已然得到了发展。就这种风格而言，沃伊齐设计的产品最终是由手工艺者还是制造商来制作，这都无关大碍。这种风格在家具、纺织品，或者金属制品上体现为适度性、合理性和一贯的优雅（图124）。

123

123—125. 线条优美简单成为英国优质产品的特征。沃伊齐设计的银器和他设计的住宅一样高雅，图125是一把大约生产于1896年的茶壶。阿什比在欧洲大陆也享有盛名，他也制作像带有红色搪瓷盖的银盘（1899—1900年，图124）这类产品；银盘有用宝石镶成的把手和圆球支足，颇具特色。欧内斯特·吉姆森设计的镶嵌式家具[inlaid furniture]制作精美；他设计于1908年的橱柜及其支架（图123），像阿什比的盘子上的圆球支足一样，源于17世纪。

124   125

其他建筑师、设计师和手工艺者也运用了同样的风格。像贝利·斯
科特[Baillie Scott]于1898年为海塞大公[the Grand Duke of Hesse]设计
的一把椅子，就是一个很好的例证。它也采用把后背全部遮盖这种设计
方式，但是已经放弃麦克默多的新艺术方式，而保持了优美、平坦的式
样。另一个例证是欧内斯特·吉姆森[Ernest Gimson]设计高雅的储物
柜。这些柜子具有难以觉察的新颖之处，却没有任何模仿他人的痕迹。
它们是手工技艺复兴的胜利。然而，图示的储物柜制造于1908年（图
123），它的特点在当时的欧洲大陆上已经无可寻觅。吉姆森受过建筑
方面的训练，在完全转行手工艺之前，他设计了一些住宅。这种不同职
业的跨界结合体现了当时的英式特征。在欧洲大陆，就新艺术而言，画
家理所当然成了莫里斯的听众。而在英国由于韦布和肖已与莫里斯运
动结盟，建筑师也能够听到莫里斯的声音。C. R. 阿什比[C. R. Ashbee]
设计了富于创意的住宅，但是明显受到肖的启发。阿什比热衷于社会

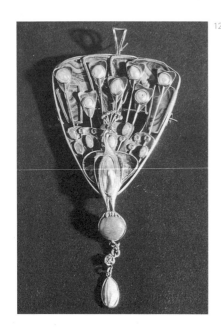

126

126. C. R. 阿什比于1900年左右设计的带有瓷釉并镶嵌着次等灰白色宝石的金银垂饰。在典型的新艺术吊饰［drop］上面用一只孔雀做底衬，这或许可以与拉利克的作品相比照（参见图66）。

改革，创办了一所可以学习莫里斯理论的手工艺行会学校［Guilde and School of Handicraft］。这所学校最初在伦敦东区开办，后来迁往科次窝兹［Cotswolds］的奇平·坎普登［Chipping Campden］。我们将这里1900年左右的手工艺人的作品与巴黎博览会期间欧洲大陆的作品进行比较，就会发现，在家具和金属制品方面，阿什比完全站在沃伊齐一边，但是在珠宝方面，他显然靠近新艺术——这是一种典型的英格兰式的妥协（图124、126）。

　而在苏格兰这边却没有任何模棱两可的妥协。19世纪90年代伊始，这里突然出现了一群建筑师和设计师，将他们所了解的有关沃伊齐和英格兰其他艺术家以及欧洲大陆的设计工作（因为《画室》［The Studio］使读者了解最时新的内容）转变成完全属于自己的东西，尽管已经面目全非，但是与新艺术一样颇具独创性，一样富有激进精神。或者说，至

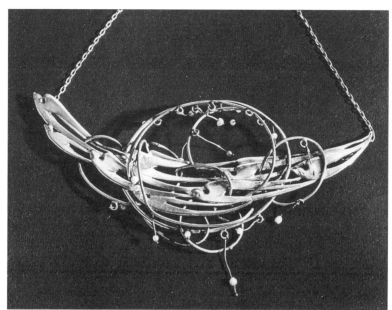

127

少在他们的盛期不存在英格兰式的妥协。这群人的领袖是查尔斯·伦尼·麦金托什[Charles Rennie Mackintosh]。他比沃伊齐年轻11岁，比麦克默多年轻17岁（图127）。另外，这些人还包括麦克唐纳[Macdonald]姊妹——其中一位是麦金托什的妻子——和麦金托什的妹夫麦克奈尔[McNair]等人。麦金托什设计的毕业证书——其设计年代为1893年——确实是扭曲的（图128）。这些瘦削而忧郁的裸体人像与荷兰艺术家托罗普[Toorop]的作品极其相似，而它们完全抽象的带状长发、帷幕和高耸的枝杈上省减到仅余一片叶子或一只果子的树木，这些又全然属于麦

127. 查尔斯·伦尼·麦金托什设计的银垂饰，由他的妻子玛格丽特·麦克唐纳[Margaret Macdonald]制作于1902年。它表现的是群鸟飞越暴雨中的乌云，纤细的银线上带有表示雨点的珍珠。

金托什的风格。在接下来的几年中，他们还制作了其他文具，女士们也制作凸纹制品[repoussé work]（图129）。这时，麦金托什的机遇来临了。1896年他为格拉斯哥艺术学校[Glasgow School of Art]设计的一座新校舍在竞赛中获胜，并于1897—1909年建造。1897年，《画室》刊登了关于这个小组的一篇文章，并配发了图片。1900年，他们在维也纳举办

128. 麦金托什于1893年为格拉斯哥艺术学校设计的毕业证书。托罗普的《三位新娘》[*The Three Brides*]于同年发表在《画室》杂志。其间的影响显而易见，而麦金托什那种稀疏而棱角分明的特征已十分明显。请注意过分挤压的字母。

129. 麦金托什的妻子玛格丽特和她的妹妹弗朗西丝·麦克唐纳[Frances Macdonald]制作的纯锡箔镜框（约为1896年，宽29英寸）。它题名为《诚实》[*Honesty*]，其形式出于某种植物；两边的女人体被省减为拉长的抽象形状。

展览；1902年，又在都灵展出。1901年，麦金托什参加了由一名德国出版商组织的竞赛——为一位艺术爱好者设计一幢房子。事实上，格拉斯哥注定会在欧洲大陆找到比在英格兰更多的回应。

　　格拉斯哥艺术学校的立面设计为麦金托什以后10年或12年间所做的一切确立了主题（图130）。1900—1911年，他在格拉斯哥工作繁忙，包括大量的私人住宅和茶室、一所学校以及一些内部装潢工作。但英格兰仍然把他拒之门外，而且从1910年左右起，他的星光渐趋暗淡。

他是一位既令人着迷而又复杂乖僻的人，在格拉斯哥这座沉闷的城市里，他与顾客的意见不合。在他一生的最后15年里，他几乎没有得到任何委托项目。

艺术学校的立面基本上是一面墙，墙上大型的工作室窗户朝向北方。它们采用英格兰都铎式建筑类型——直棂[mullions]和横楣[transoms]，而这些直棂和横楣就像沃伊齐设计的那样，没有任何雕饰。如果不是因为入口门洞或者主立面的缘故，它的立面可能会出现功能主义的格栅；入口门洞或主面偏离立面的中心，自由而不对称，把巴洛克风格、苏格兰豪宅传统和肖与沃伊齐的传统融为一体。二层的三角楣饰属于第二层；三层的裸露塔楼属于第三层；小小的凸肚窗则属于第四层。另外，有令人愉悦的细铁框架、地下室前小庭院的栅栏、阳台的扶手栏，特别是上方的窗户前面带有透明花状球体的古怪钩子，在这些的衬托下，功能主义的格子和坚实的中间部分不再显得单调。钩子实际上是用来支撑擦窗户时用的板子，但像所有其他铁框架结构一样，它们在美学上的目的在于提供一个柔和的隔板和一些富有趣味的形式，其他更有力、更牢固的结构可以藉此一目了然。在建筑物内部，在细长木柱上也有透孔的隔板，有各种形式间的关系所造成的惊奇之处，尤其是在会议室，完美无缺的爱奥尼亚式[Ionic]柱头下的壁柱被处理成蒙德里安[Mondrian]式的抽象格子（图132），有几乎与高迪的作品和勒·柯布西埃[Le Coubusier]在朗香[Ronchamp]设计的教堂一样大胆而抽象的屋顶（图134），还有最出乎意料的旋涡状金属物体（图133）。

1898年，麦金托什又一次像设计功能主义建筑——艺术学校那样，为1901年的格拉斯哥博览会设计了音乐厅。这座圆形音乐厅足以容

130. 建于1897—1899年的格拉斯哥艺术学校入口，由麦金托什设计。大门正上方是校长书房的窗户，校长书房上方是校长工作室。主工作室都有巨大的铁框架窗户。

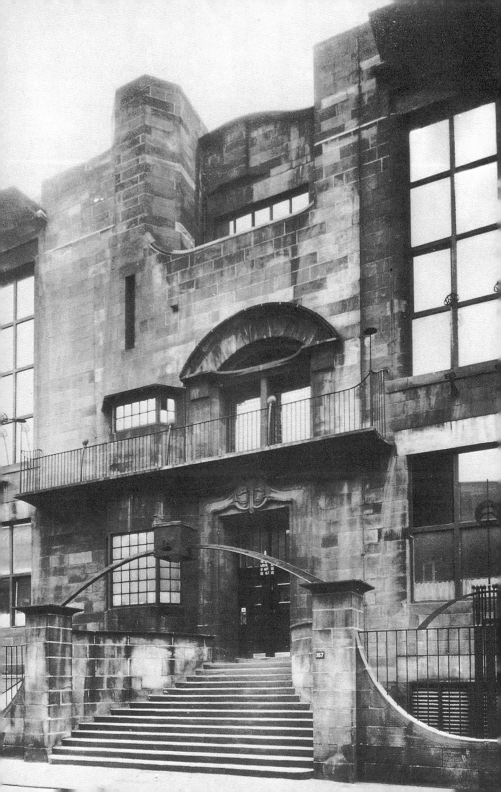

131

131. 建于1897—1899年的格拉斯哥艺术学校入口处的门廊。麦金托什采用了大胆的表现形式：覆以光滑的水泥，并镶嵌小瓷砖或金属制品。

132. 格拉斯哥艺术学校会议室的一根壁柱，建于1907—1909年，它对爱奥尼亚柱式作了新的诠释。

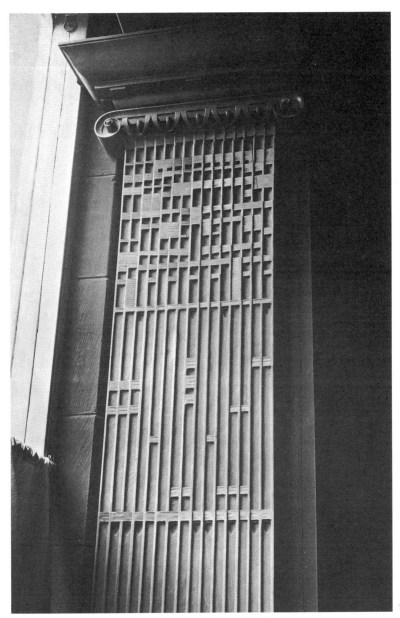

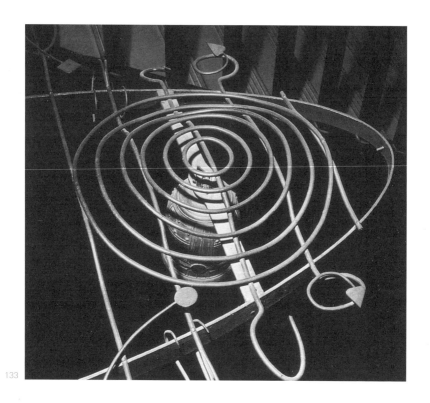

133

纳4000余名听众。麦金托什把它设计为一座低矮的建筑，坚固的扶壁上面是碟形拱顶（图135）；铁制支柱形成了大约162英尺的跨度；管风琴、艺术家的房间和服务室都安置在带有多角墙以及弯曲的护墙和屋顶的附属建筑之中。这项设计没有获奖。

　　这座建筑尽管毫无装饰，而结构框架却含有麦金托什家具设计的

133—135. 麦金托什完全现代的、敏锐的雕塑意识表现在格拉斯哥艺术学校楼梯上方一个用熟铁做成的壁灯支架上（作于1897—1899年）（图133），表现在艺术学校屋顶上大胆、粗糙的巨型拱架上（图134），也表现在他1898年设计的圆形音乐厅上（图135）。这座音乐厅带有凸出的更衣室等，他在此力求革新却未获成功。

134

135

136

136—139. 麦金托什设计的家具与他的建筑同样自信、同样独创。（图136）一把卧室用椅，椅背为镂花帆布[flower-stencilled canvas]。（图138）一张镶有象牙的桌子——这两件作品都制作于1900年左右，都涂成白色，这是麦金托什创造的一种流行样式。（图139）1902年创作的一把在希尔之家[Hill House]的卧室用椅，梯级横木从上到下直到地板，颇具麦金托什的特点；（图137）同一座宅邸里的一张镶珍珠母乌木桌子，其几何形状更加错综复杂。

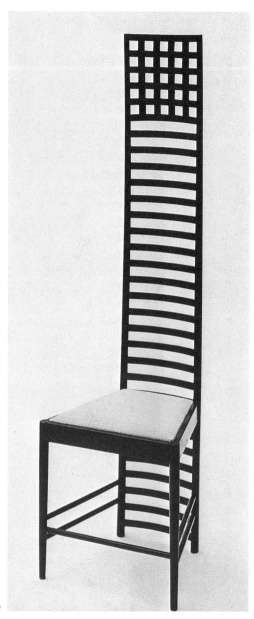

一切精致细微和令人惊异之处。麦金托什所有家具的特点成功地综合了
英格兰与欧洲大陆的不同标准。以图示的两张桌子为例，一张桌子和沃
伊齐那张同样方正，甚至有过之而无不及，而且它的格子也像笼子似的
拥挤细密（图137）；第二张是椭圆形的，并嵌入两块玫瑰色和象牙色
的椭圆形小镶板，镶板带有抽象的曲线（图138）。另外，前者饰以黑
色罩面漆，后者则是光滑的白色罩面漆。白色与玫瑰色、白色和淡紫
色，还有黑色，或许还有银色与珍珠母色，这些构成了麦金托什最喜爱
的颜色。这些复杂而贵重的颜色与垂直的细长竖杆和轻度的曲线相谐调
（图143），并臻于完美。然而，激进主义的抽象装饰与色彩的极度柔
和又相互抵触，正是感官因素与结构因素之间的紧张感使得麦金托什
的装饰独一无二。但是，当人们观看麦金托什设计的最不同凡响的椅
子时，人们可能不再确信，他使用格子，像摩天大楼的格子一样（图
139），的确出于结构上的考虑。就这种垂直竖线与水平横线而言，它
们本身对于麦金托什肯定是一种诱惑，肯定与他的紧张的曲线形式形成
审美上的对比，肯定会防止人们对脆弱的花朵和女性化色彩心生厌烦。

麦金托什在欧洲大陆的名望比在英国——更不必说在英格兰——
要高得多。我们在前面已经提到了他1900年在维也纳的展览、1902年
在德国荣获第二名的竞赛——贝利·斯科特荣获头奖——以及1902年
在都灵的展览。使他在欧洲大陆可能赢得受人尊敬的资本，恰好使他
在英格兰丧失了资助。他过于追求新艺术，正如我们所看到的那样，
英格兰在其新艺术先锋[avant la lettre]出现数年之后，便已然摆脱了这
种逾越常规[outré]之物。1900年在维多利亚-艾尔伯特博物馆[Victoria
and Albert Museum]举行私人捐赠时，大部分法国新艺术家买得自巴
黎博览会，当时各种抗议纷纷刊发，其中有一份署名为E. S.普赖尔[E.
S. Prior]，他声称"这种作品，原则上就大错特错，对运用的材料重视
不当"。[54]那些抗议者在其所考虑的范围之内当然是正确的；从已崭露

头角的20世纪的观点来看，他们也是正确的。新艺术只能在纯粹的审美领域加以正确评价，它的产品可能被称为无原则的[unprincipled]。然而，如果像奥地利和德国那样在审美领域观看这些作品，那么格拉斯哥小组[Glasgow group]的发现就会令人叹为观止。维也纳之所以反响特别强烈，是因为维也纳在1900年已经即将从新艺术的审美观点中转变出来，并按照自己的观点来看问题。约瑟夫·奥尔布里希[Joseph Olbrich]1898年为分离派——持不同观点的年轻艺术家的俱乐部——设计的陈列馆就证明了这一点。虽然它的熟铁穹顶宛如缠结着的月桂树枝（图140），属于新艺术形式，但是穹顶却是一个完整的半球形，墙体是陡峭的。因此，当时的分离派陈列馆表现出与麦金托什同样的

140. 约瑟夫·奥尔布里希于1898年建造的维也纳分离派陈列馆，是一个几何形状大会。金属叶子的"穹顶"——在奥尔布里希原先的设计图上——与位于大门两侧的两个同样浑圆的月桂类灌木丛相呼应。

特点。他由此得到许多追随者，其中最成功的是约瑟夫·霍夫曼[Josef Hoffmann]。由于他的装饰作品偏好正方形和长方形，所以"方形-霍夫曼"[Quadratl-Hoffmann]就成了他的绰号。1899年，奥尔布里希被海塞大公召至达姆施塔特（图141）。这位大公是维多利亚女王的孙子，他命令阿什比和贝利·斯科特设计完成王宫的家具和内部装修。曾举办艺术爱好者之家设计竞赛并把麦金托什的设计作品付梓的那家德国出版社也设在达姆施塔特。看看书中麦金托什的设计作品（图142），人们就会明白为什么他会使德国和奥地利为之倾倒。这是以鲜为人知的高雅手法来运用新艺术的蓄意之举[wilfulness]和不拘常规[irregularity]；这里也有一种挺直的细长竖杆和完整的光滑表面——这或许可以作为击败新艺术的有力武器。新艺术的拥立者及其刚刚出现的

141. 约瑟夫·霍夫曼像他的老师奥托·瓦格纳[Otto Wagner]一样坚信建筑、装饰和家具陈设是一个统一的整体。这是约1900年的室内设计线描图。

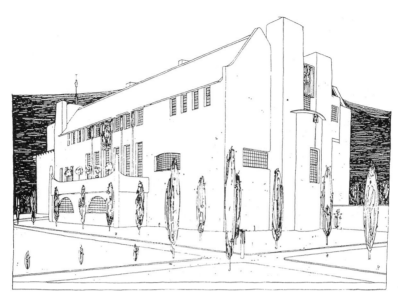

142

对手都能从艺术爱好者之家[Haus eines Kunstfreundes]中各取所需，以充实自己的武器库。

在这些年里，英国对欧洲大陆无处不在的强烈影响显而易见。不过，对影响之中交锋的取向要做一些说明。英国的影响始自莫里斯和英国住宅复兴运动。当时，它代表了在手工艺方面的一种复兴、供应日常用品的行业；它代表了一种与公共建筑和富人别墅的浮华之气截然相反的、对朴实而舒适的中产阶级住宅的欣赏能力。接踵而至的另一方面影响来自莫里斯的克尔姆斯戈特出版社的图书装帧艺术，这又意味着一种美学上的责任感；麦克默多和比亚兹莱也具有这方面的影响，但他们对责任的鼓励不及对新艺术的鼓励。另外，沃伊齐在室内家具陈设方面代表着合理、宜家和美观；阿什比和贝利·斯科特在这一方面显得更加绚丽多姿。正如前面

142. 麦金托什的"艺术爱好者之家"设计竞赛作品，1901年在德国出版并颇具影响。

已提过的那样，就捍卫和开展新艺术与反新艺术而言，或许麦金托什是一个孤例。奥尔布里希则在1901年[55]倡导反对英格兰而捍卫新艺术："只有人们既能民主地，也能专制地去加以感受，才能正确评价一位不仅仅使用实用形式而且还想用装饰艺术来表达的、富于想象力的手工艺者。那么，人们甚至可能探讨目前尚未有人涉险触及的这个问题：哪种动力对一个国家更有价值，那些合理地、自觉地、理智地形成好的形式的动力……或者那些以丰富的创造力形成了成百上千种新形式和梦幻之物的动力，虽然每一种力量都促进了新的可能性的萌芽……哪一个既能提高表现力而又不造成美学上令人讨厌的混乱，这种界限有赖于不同性质的不同水平……德国人用难以数计的各种音乐形式来表达丰富的感情而英国人没有天分去如此宣泄它们，同样英国人的精神也无法用撼人的狂热行为、激动不安、想入非非来装饰性地、建设性地表现出来。"早几年却曾经有人因为这些局限而称赞英格兰。爱德蒙·德·龚古尔[Edmond de Goncourt]在1896年称这种新风格为"快艇风格"[Yachting Style]，他就是这个意思。这就是为什么在同一年《潘神》[Pan]——为德国现代艺术和装饰艺术而创办的内容丰富的杂志——发表了一篇关于英格兰住宅建筑艺术的文章。正是这篇文章引导阿道夫·卢斯[Adolf Loos]发表了"欧洲文明的中心目前在伦敦"[56]这样的见解；也正是这篇文章促使普鲁士贸易委员会[Prussian Board of Trade]委派赫尔曼·穆特修斯[Hermann Muthesius]到英格兰滞留数年，研究那里的建筑和设计。

143. 麦金托什1904年为柳树茶室[Willow Tea Rooms]设计的大门，在白色的木制门框中，用他最喜爱的淡色玻璃镶嵌在用铅和钢制的镶板上。他创造了一种新的样式，它所反映的激动人心的东西既紧张又沉静。

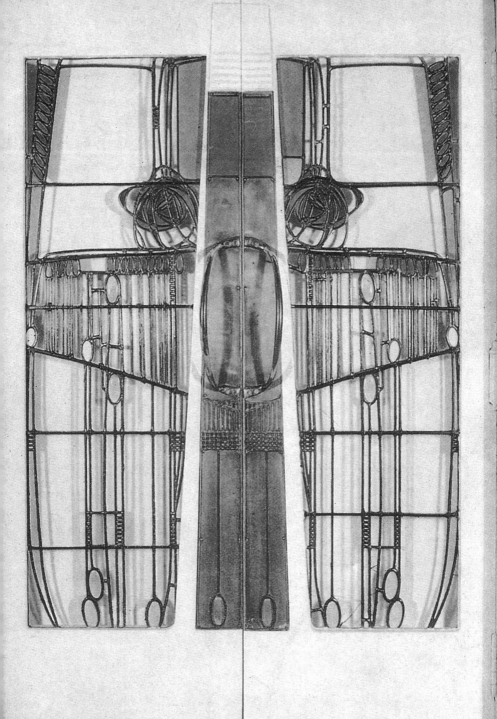

144

144. 居斯塔夫·埃菲尔设计的加拉贝特高架铁路桥中跨[central span]。这是一座铁拱桥，高出河面400英尺。埃菲尔在1877年设计葡萄牙的玛丽亚·比亚大桥[Maria Pia Bridge]时，已经采用了同样的结构。

第四章 | 艺术与工业

在欧洲大陆，维也纳最先转向运用直线、方形和直角的捷径，正是维也纳成功地维系了新艺术的优雅和对贵重材料的感觉。在德国，这种转变主要与里默施密德和彼得·贝伦斯[Peter Behrens]有关；奥地利的这种转变完全属于美学方面，而德国则还有社会方面的。里默施密德和他的内兄卡尔·施密特[Karl Schmidt]——德意志工艺厂[*Deutsche Werkstätten*]的创办者——早在1899年就着手解决廉价家具问题，在1905年的一次展览会上，他们展示了第一批用机器制作的家具（图170）；他们认为，设计"来自机器的灵魂"。贝伦斯——曾经是聚居于达姆施塔特的艺术家中的一员——大约在1904年左右放弃曲线而转向立体和方形装饰；而这些在维也纳早就更为严格地采用了。几年之后，德国通用电气公司[A. E. G.]给贝伦斯提供了一次机会，让他在一段时间内全力专攻工厂建筑和工业设计。不过，早在1898年他就设计了供批量生产的玻璃（图176）。

在法国，对新艺术的反叛却造就了另外一种形式。这主要体现在新兴的建筑师征服新材料。即使埃菲尔铁塔以其高度和所处位置即刻成为巴黎主要的建筑景观之一，1889年世博会上铁质建筑[iron architecture]的胜利终归还是工程师的卓越成就。许多美轮美奂的展览大厅和桥梁，是作为纪念物而不是实用性建筑作品来呈现的，譬如——埃菲尔本人设计的加拉贝特高架桥[Garabit Viaduct]，建于1880—1888年，跨度为534英尺；罗伯林[Roebling]兄弟设计的布鲁克林大桥[Brooklyn Bridge]于1867—1883年修建（图144），跨度为1595英尺；福勒[Fowler]和贝克[Baker]设计的福斯大桥[Firth of Forth Bridge]，

146

建于1881—1887年，跨度为1710英尺（图146）。上述三座大桥第一座是拱桥，第二座是悬索桥，第三座则为悬臂桥[cantilever bridge]。埃菲尔铁塔更有可能被外行和建筑师同时看作一件隐含美学意义的设计作品，也就是说被当作建筑（图145）。的确，前文曾提及的普鲁士建筑师穆特修斯在英格兰从事研究工作，他把水晶宫、圣-热纳维耶芙图书馆[Bibliothèque Ste-Geneviève]、机械大厅和埃菲尔铁塔作为20世纪建筑的范例编入1902年撰写的一本书中，并按它们的特征命名为《风格化

145、146. 埃菲尔铁塔是1889年为巴黎世博会设计的塔，这件高度984英尺的铁制品可谓技艺不凡；福勒和贝克设计的港湾前方大桥，建于1881—1887年，是所有悬臂桥中最为壮观的。

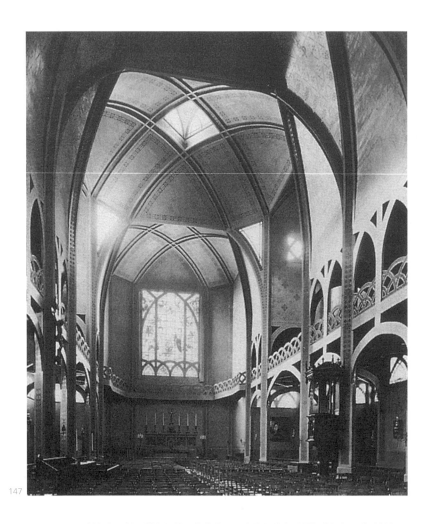

147

147、148. 阿纳托尔·德·博多是第一位在非工业建筑上着意采用钢筋混凝土的建筑师。圣-让·德·蒙特马尔泰教堂（建于1894—1902年，图147和图148）的正面用砖头建造，内部有扇形拱券和其他哥特式传统的孑遗。

建筑和建筑艺术》［*Stilarchitektur und Baukunst*］。1913年，他把火车车库和谷物仓库增补到书中。[57]

150

149. 弗朗索瓦·埃内比克1845年建于图尔宽[Tourcoing]的纺纱厂，是首批完全采用钢筋混凝土的建筑物之一，可以安装大型窗户。

150. 第一幢使用混凝土骨架的住宅建筑——奥古斯特·佩雷1902年修建的含附属阳台的公寓大楼[block of flats]，位于巴黎富兰克林大街25号。佩雷设置了一个U字形规划[a U-shaped plan]以便尽可能容纳大面积的窗户。

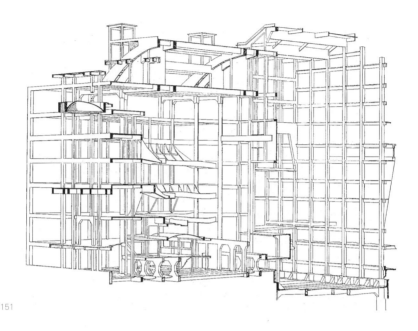

151

火车车库用铁和玻璃建成，而谷物仓库是用混凝土建成的。法国在铁的鉴赏力方面曾一度在世界上名列前茅——前面已讨论过的拉布鲁斯特和沃约利特-里-迪克所发挥的作用——此时法国在混凝土的鉴赏力方面又将领先于世界。在众多的混凝土狂迷中，弗朗西斯·夸涅[François Coignet]居于首位。在1855年博览会之际，他写道："水泥、混凝土和铁"将取代石料。一年后，他获得了把铁制部件嵌于混凝土中的专利——这第一项专利的获得绝非偶然——这项专利被称作

151. 佩雷1911年设计的巴黎香榭丽舍剧院是最早完全采用钢筋混凝土框架的大型建筑之一。在这幅图纸上，建筑框架一目了然：舞台在右边，几排顶层楼座出现在剖面图中。

152. 在佩雷的富兰克林大街公寓中，棱角分明的轮廓和凸窗的突出结构取决于混凝土框架，而这一点却被赤陶和新艺术瓷砖所掩盖。

153. 托尼·加尼耶关于大型工业城市的规划形成于1899—1904年，直到1917年也未完成。这项规划所涉及的问题和对钢筋混凝土的使用，完全是革命性的。它围绕着工厂和交

通的需要来规划——铁路站场和船坞居于最突出的位置——建有简朴、便利的工人用房。
（位于远方的）大坝将提供电力。

154

拉力构件[*tirants*]，这表明大型混凝土的抗张强度颇受青睐。19世纪70年代，约瑟夫·莫尼耶[Joseph Monier]制造了钢筋混凝土柱子和横梁，美国人和德国人一起携手对这两种材料的特性进行了必要的分析和测量。最后，在19世纪90年代，弗朗西斯·埃内比克根据功利主义的格子原理[grid principle]，采用钢筋混凝土修建了许多工厂（图149）。这里图示的工厂建于1895年。而在1894年，阿纳托尔·德·博多[Anatole de Baudot]已经决定在圣-让·德·蒙特马尔泰[St-Jean de Montmartre]教堂不加遮掩地使用混凝土。这所教堂不仅有圆拱和扇形拱券，还有尖顶（图147、148）。内部是哥特式的，而外部不过是残

154. 加尼耶工业城的住宅：简洁的立方体形状采用混凝土材料，并置于公共花园之中。

155. 工业城的火车站：建有大型的窗户，一座充满勇气的混凝土塔，更大胆的悬臂式屋顶。然而，这是1917年前夕设计的，不是1904年。[58]

留的中世纪风格。他先是拉布鲁斯特的弟子，后又师从沃约利特-里-迪克，他追随他们的原则而不是仿效他们的形式。在这种意义上，他是他们真正的追随者。

1902年，在博多设计的教堂尚未竣工之际，比博多年轻30岁的奥古斯特·佩雷[Auguste Perret]在富兰克林大街[rue Franklin]设计了享有盛誉的住宅。它是首例采用混凝土构造的私人住宅（图150、152）。它自豪地表明这样一种事实：即使混凝土柱子和横梁覆以无釉赤陶，它还是用心地把支柱的外观和内镶板[infilling panels]分开来——后者的上釉陶砖采用了活泼的新艺术叶饰图案——它的正面张开，呈U字形以回避后院，它完全用六角形玻璃覆盖楼梯，以此向吉马尔的贝朗热城堡[Castel Béranger]致谢。1905年，在蓬蒂厄大街[rue de Ponthieu]，混凝土骨架在佩雷的汽车库里一览无遗；1911年，通过香榭丽舍剧院[Théâtre des Champs-Elysées]，他将混凝土骨架引入公共建筑领域

155

156

（图151）。然而，他最终拒绝尝试把混凝土用于宽大悬臂和弯曲拉力的可能性。这种尝试只好留待他人去进行，此人就国家而言，起码就人种和姓名而言是一位法国人士。

托尼·加尼耶[Tony Garnier]比佩雷年长几岁。1899年，他获得

---

156. 最接近于加尼耶工业城的建筑：里昂的拉蒙克[La Mouche]大型屠宰场一角，建于1909—1913年。其中的一个牛市[cattle market]是用混凝土成的，而大厅拱顶（跨度约为265英尺）却采用了钢和玻璃。

157. 巴黎城外的贝尔西货站，由西蒙·布西龙设计于1910年。它的屋顶是薄薄的混凝土外壳，上面装配着玻璃，在屋顶的外沿用混凝土修建了一个惊人的悬臂。

158. 罗伯特·马亚尔1910年于塔瓦纳萨[Tavanesa]（瑞士）建造的横跨莱茵河的大桥，这表明钢筋混凝土已用于桥梁建筑。桥拱和车行道是一个单元，结构合理，美观大方。马亚尔的影响直到第二次世界大战以后才开始显现。

157

158

了罗马大奖[the Prix de Rome]，但是他在罗马却利用大部分时间去构思一个理想中的工业城镇的规划和建筑（图153）。1901年，这项规划被提交到学院，但一开始就遭到碰壁。1904年，它被展出；1917年，它被修订出版。在此期间，当时的里昂市长爱德华·埃里奥[Edouard Herriot]——一位像加尼耶一样的社会主义者——已经于1905年开始委托加尼耶修建市政建筑。这给加尼耶提供了实现理想的良机。他的工业城[Cité Industrielle]之所以成为20世纪早期的里程碑，就在于这位年轻的建筑师在此首次将现代城镇的需要当作他的设计主题；他在著作的导论中指出："出于工业方面的需要，要对未来绝大多数新城镇的诞生负

159

责。"加尼耶说,这一规划应在一个可能的地点实施,比如他的家乡法
国东南某地。这座城镇中居民将达到35000人。这一设计规划拒绝学院
式的中轴信条,而将依照居住和生活在这座城镇中的那些居民的好恶来
建造。60年后的规划设计者可能会对此提出异议;可是,这项规划不啻
于一个先驱。这些住宅没有后院。每幢住宅至少有一个朝南的卧室窗户
(图154)。建筑物集中的地段不会超过建筑用地的一半,以便腾出空
地用于公共绿地和足够用的人行道。地基采用水泥,房梁和天花板采用
钢筋混凝土,而且"主要建筑物几乎全部采用钢筋混凝土结构"。这一
点一看便知。否则,不可能出现市政办公大楼[the Municipal Offices]

159、160. 马克斯·伯格于1913年建于布雷思劳的世纪大厅,淋漓尽致地发挥了混凝土的
潜力。它的占地面积为21000平方英尺,既经济又壮观,直到内尔韦,才可以与之相比。
右图为钢筋混凝土构造的肋拱的一个细部。

161

和车站的悬臂式屋顶，而且它们的规模大大超过了当时的同类结构（图155）。正方体的小型住宅同样是革命性的。装饰部件仍占据一席之地，但"完全独立于结构之外"。加尼耶一直无缘实现像工业城这样勇气十足、意义深远的构想，不过他于1906—1913年在里昂建造的公共屠宰场[the Public Slaughterhouse]展示了工业城建筑的精华所在，做法和他同出一辙的建筑师在当时寥若晨星。现在，我们将转向在这一领域大获成功的德语国家（图156）。在拱式及过梁式建筑领域，由

161. 奥托·瓦格纳早年为维也纳环城铁路设计的车站，对现代建筑形式和与之配套使用的新的交通方式略感兴趣。

162. 尽管瓦格纳相信建筑应该用现代材料反映现代生活，但是仅仅在1905年建成的维也纳邮政储蓄银行大厅采用了玻璃和钢铁，把他这一理想付诸现实。

于发现了新的合成材料在结构和审美方面的优势，钢筋混凝土的故事就可以先告一段落了。在这个领域率先登场的又是一位工程师：罗伯特·马亚尔[Robert Maillart]。他是瑞士人，却师从埃内比克。他首先建议对采用混凝土立柱与横梁的货栈与工厂的现行建筑体系进行改良，即把以前相互支撑的那些构件铸成一体。他这种逐渐形成的蘑菇原理[mushroom principle]在当时的美国也为人所知。不久以后，他转而从事桥梁建筑，并再次成功地把桥梁拱体和车行道合而为一（图158）。同时，确切地说是在1910年，一位法国工程师西蒙·布西龙[Simon Boussiron]修筑了巴黎附近的贝尔西[Bercy]火车站屋顶，它那异常细薄的混凝土拱顶呈双曲抛物面形状，这种形状前途无量（图157）。[59]钢铁的大幅度弯曲与石头的稳固在拱顶相结合所具有的审美潜力，确实已为公众首肯，并首次见诸马克斯·伯格[Max Berg]1913年在布雷思

163

劳[Breslau]修建的世纪大厅[Centenary Hall]。马克斯·伯格并未赢得
应有的盛誉。这主要在于：1925年之前，他已经抛下建筑而献身于基
督教神秘主义。同属于《狂飙》[Sturm]杂志和包豪斯[Bauhaus]的洛
塔尔·施赖尔[Lothar Schreyer]把这一事实披露出来（图159、160）。
那些声称从世纪大厅看到所谓"宇宙敞开大门并展示运行中的星辰和上
苍"[60]的人就大错特错了。

163—165. 1905年，约瑟夫·霍夫曼接受委托，在布鲁塞尔为M. 斯托克莱[M. Stoclet]设
计了一座宫殿似的住宅（上图）。结果证明，这种直线型新风格既适于优雅的生活也适于
社交。右上图为餐厅，有克里姆特设计的大理石饰面和马赛克（参见图166）；右下图为门
厅，高达两层楼。

164

167

在佩雷、加尼耶和马亚尔人所处的德国和奥地利，最显赫的名字是奥地利的约瑟夫·霍夫曼和阿道夫·卢斯，以及德国的彼得·贝伦斯。其中还包括奥托·瓦格纳[Otto Wagner]，他是维也纳一所艺术学院的教授，比莫里斯小7岁。1894年，在就职演说中，他重申了沃约利特-里-迪克对现代的信念，重申了要发现一些形式表现这个时代的必要性以及对于"非实用之物必定不美"[61]的确信。他在那些年代的建筑作品很少有激进的成分。1894—1901年，修建了由他设计的环城铁路[Stadtbahn]车站，具有一种巴洛克式新艺术风格[Baroque Art

166.《满足群像（拥抱）》[The Fulfilment Group (Embrace)]（作于1905—1906年）是居斯塔夫·克里姆特为霍夫曼的斯托克莱宫餐厅里的马赛克所作的水彩和水粉设计图。

167. 阿道夫·卢斯认为风行一时的维也纳建筑过于精致，他以杜绝所有装饰和魅人之处与之对抗。他于1910年在维也纳修建的施泰纳宅邸表明他绝不妥协。

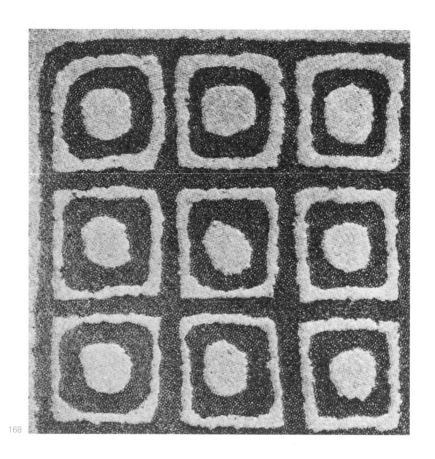

Nouveau〕（图161），比起后来吉马尔设计的巴黎地铁，显然缺少一些刺激，但他设计的办公大楼和公寓风格简洁，门窗的布局和设计却是传统的方式。迷人的彩陶饰面，使人想起佩雷的作品。在瓦格纳的作品中，只有一件具有预言特征，这种特征，我们最早是在加尼耶的工业城中发现的：在1905年修建的邮政储蓄银行〔Postal Savings Bank〕内景，出现了逐渐变窄的金属支柱和弯曲的玻璃屋顶（图162）。

这儿所说的"预言性特征"，有一点或许不太恰当。工业城的建筑和邮政储蓄银行并非20世纪的预兆：它们真正综合地运用新材料、采取新艺术的反历史主义和威廉·莫里斯用之于民的信念，鉴于这一切，这些建筑属于20世纪，也就是说，它们为20世纪的诞生做出了贡献。约瑟夫·霍夫曼和阿道夫·卢斯在相同年代设计的建筑必须用相同的方式来看待。在布鲁塞尔，霍夫曼设计的斯托克莱宫完全证实：基于纯粹直角的新风格既适合于豪华型建筑，也适合于彻头彻尾的功能型建筑（图163—165）；既适于休闲也适于工作。假如要杜绝装饰、线脚和曲线，挑选优质的材料以及适当地加以运用便是秘诀。后者决定了变化多样、引人注目的斯托克莱宫的外观；前者则决定了带有大理石贴面[marble

168、169. 理查德·里默施密德供成批生产的设计产品：德尔门霍斯特工厂的漆布，1912年出品；为德意志工艺厂设计的一套茶具。

170

171

172

173

174

175

176

170—176. 德国通过里默施密德和贝伦斯等人的工作,在工业设计方面领导世界潮流。里默施密德于1899年设计的一把椅子(图170)和1912年设计的玻璃制品(图171);贝伦斯在1898年设计的玻璃瓶(图172)和1912年为德国通用电器公司设计的电水壶(图173、174)和电扇(图175、176)。

facings]和克里姆特[Klimt]设计的巨幅马赛克的室内（图164）。马赛克属于平面装饰，克里姆特那涡卷的树木和人像被平面化，它们十分优雅，完全适合于霍夫曼的总体效果（图166），这再次表明新艺术能够在20世纪风格的诞生中有所作为。

阿道夫·卢斯讨厌霍夫曼和维也纳工艺厂[Wiener Werkstätte]。霍夫曼是工艺厂的创办人之一，工艺厂成功地把新颖的后新艺术[post-Art Nouveau]风格与维也纳文化中无可比拟的精致、优美结合起来。工艺厂最早的赞助人曾把必需的开支交给创办者自主处理。麦金托什还为他设计了一座音乐厅。卢斯是正在形成中的纯粹主义运动的一员。《装饰与罪恶》[Ornament and Crime]是他被引用频率最高的著作，出版于1908年。他最绝对的纯粹主义住宅是施泰纳之家[Steiner House]（图167），1910年建于维也纳，频频出现于插图之中。对于第一次见到它的外行人来说，很难断定它可能不属于1930年的建筑。

这些年间，德国最伟大的贡献是1907年创立了德意志制造联盟[Deutscher Werkbund]，建筑师、手工艺人和制造商在此相聚，工业设计这一新概念在此酝酿，这一概念源于英格兰——尽管在莫里斯对手工艺的信念和同样狂热的对机器的信念之间，产生了各种冲突——由于德语中没有与design[设计]相同涵义的词汇，最后不得不引入德国，这使这一概念变得愈发清晰起来。对机器及其潜在用途的赏识实质上并不新鲜，而在19世纪的几十年间，对于机器外观的崇拜在所有国家中无处不在。早在1835年，在英国，议会对设计质量和出口商品之间的关系做过调查，其间新古典主义建筑师T. L. 唐纳逊[T. L. Donaldson]曾说过，他知道没有任何"一件完美的机器产品不是美的"。[62]雷德格雷夫是亨利·科尔圈子中的成员，他在1851年世界博览会上关于设计的报告中，曾做出类似的表述：物品方面的"用途如此重要以至于装饰被弃若敝屣……最终形成高雅的简洁"。[63]对于唯美者[aesthete]奥斯卡·王尔德[Oscar Wilde]来说也是如此："所有的机器可以是美的……不要设法装饰它。"[64] 但是，从王尔德的审美反应和科尔圈子的纸上谈兵，到最后由制造联盟加以正视并彻底解决，还有相当远的距离。

制造联盟在1912至1915年间出版的那些年鉴记录了所取得的成果。如插图里里默施密德为德意志工艺厂设计的一套茶具（图169）；里默施密德为德尔门霍斯特漆布厂[Delmenhorst Linoleum factory]设计的漆布（图168）；贝伦斯为德国通用电气公司设计的电水壶和电扇（图173—176）。

贝伦斯的情况在当时的欧洲最有意义。在主管保罗·约尔丹[Paul Jordan]属下的德国通用电气公司决定采纳制造联盟的新概念并选定贝伦斯为其建造厂房和商店，设计产品乃至文具（图177、178）。贝伦斯迈开了通往当代美国设计师[stylists]或吉奥·蓬蒂[Gio Ponti]和阿尔内·雅各布森[Arne Jacobsen]之路的第一步。但是，仅仅从建筑的角度来看，他的建筑作品同样重要。贝伦斯在柏林、加尼耶在里昂正做着相同的事，可是与加尼耶相比，他的作品所表现出的高贵气质更纯、更超然于过去的母题[motifs]。

工业建筑发展到那个时代，最后的集大成者是莱茵河畔制作鞋楦的法库斯工厂[Fagus factory]（图179），它位于阿尔费尔德[Alfeld]，由贝伦斯的学生、年轻的瓦尔特·格罗皮乌斯[Walter Gropius]于1910年与阿道夫·迈尔[Adolf Meyer]合作设计，这一年，卢斯设计了施泰纳之家（图167）。这两座建筑物具有共同之处，它们都呈现冷峻的立方体形状，都毫无装饰。不过，格罗皮乌斯从事的是一项新颖的工作，而卢斯从事的是一种陈旧的工作。把玻璃镶嵌在框架结构之内的建筑具有实用性，本质上无个性特征。格罗皮乌斯勇气十足地接续了这条业已存在的线索。这种建筑会出现在1913年制造联盟年鉴的插图中。他使它既充满了见于贝伦斯的工业设计中的高雅，也充满了主要源自莫里斯运动的

177

177、178. 彼德·贝伦斯在德国通用电器公司身兼建筑师与总设计师。他负责该公司目录册（左图）中1907年在柏林修建的所有厂房建筑（下图）。

179. 莱茵河畔阿尔费尔德的法戈斯工厂设计于1910年，它是"一战"前工业建筑领域的集大成者。纤细的砖柱，其余均为玻璃，而拐角处没有任何柱子。

178

179

社会意识。

　　刚刚提及的这些插图出现在格罗皮乌斯发表在制造联盟年鉴上的一篇关于现代工业建筑发展的文章当中。年鉴还收录了里默施密德、贝伦斯和穆特修斯撰写的文章。而在引导制造联盟走向20世纪方面，穆特修斯比任何人都担负了更多的责任。为此，穆特修斯不得不与凡·德·维尔德的反对进行抗争，凡·德·维尔德竭力主张个人表现，而穆特修斯恰恰力图在此形成标准。

180

180. 1914年，在科隆制造联盟展览会上展出布鲁尼奥·陶特的玻璃屋楼梯，全部采用玻璃砖（参见图101）和铁制成。

第五章 ｜ 走向国际风格

1914年，穆特修斯在科隆召开的一次著名会议上说过："建筑和制造联盟在整个建筑领域内的活动趋于标准化[Typisierung]……只有标准化能够……再次引进一种普遍有效的、自信的品位。"凡·德·维尔德回答道："只要制造联盟有艺术家……他们就会反对任何有关标准化准则的建议。就其本质而言，艺术家是偏执的个人主义者，是自由自在、恣意而为的创造者。他从来不会自愿遵从强加于他的任何原则、任何类型、任何准则。"这一定是一个难忘的时刻——处于极盛时期的新艺术在抵制需求并拒绝承担新世纪的责任。

事实上，穆特修斯的胜利早在科隆会议召开之前就已经毋庸置疑了。这次会议与制造联盟第一届展览相得益彰。这次展览——至少是其中那些最重要的建筑作品——实际上证明了那次胜利，如果不是突然爆发的第一次世界大战打破了欧洲的格局并阻止了文化进步，它将证明这是一次世界性的胜利。在那些建筑作品中，贝伦斯的节日大厅[Festival Hall]是令人失望的古典主义风格；霍夫曼的奥地利会馆[pavilion]外观同样是古典主义风格，而内部颇具嬉戏的成分，这和凡·德·维尔德给人印象深刻的剧院中显著的曲线装饰一样是倒退的。两个最具实力的建筑物是布鲁尼奥·陶特设计的玻璃屋[Glass House]（图180、181）和格罗皮乌斯为机械大厅附加的虚构工厂办公室。陶特的菱形拱顶[prismatic dome]是展览会上最具创意的形状（图181），是即将出现的测地拱顶[geodesic domes]的先兆。拱顶下面的玻璃墙延续了吉马尔和佩雷的做法。此刻的格罗皮乌斯显然深受贝伦斯，尤其受弗兰克·劳埃德·赖特的影响。1910年和1911年在柏林发行的两份出版物以及1911年参观芝加

181

181. 布鲁尼奥·陶特1914年设计的玻璃屋。菱形拱顶预示着巴克敏斯特·福勒[Buckminster Fuller]的拱顶即将出现。

哥的贝尔拉赫所做的一些讲座，它们最先把赖特介绍给了欧洲。

赖特使芝加哥成为朝圣之地；尽管沙利文当时还健在，却不再有人前往拜谒。在沙利文于1904年完成卡森·皮里·斯科特百货商店[Carson Pirie Scott]（图182）以后，就再也没有接到更重要的委托。1922年，他满怀失意，在孤独中与世长辞。1893年，在规模庞大的芝加哥博览会上，由美术院校派生的古典主义大获成功；他曾经预言这会使美国建筑倒退50年。他几乎言中了。所谓的芝加哥学派[School of Chicago]在第一次世界大战前的最后几年以失败告终，尽管取代它的流派风格同样具有影响力，但其作用远远不及芝加哥学派。私人住宅在美

182. 沙利文设计的芝加哥卡森·皮里·斯科特百货商店（1899—1924年）。注意：最突出的钢铁框架覆盖着白色的无釉赤陶并终止于（不同于他处的）屋檐门廊；"芝加哥式窗户"（中间固定而两翼可以移动）；豪华的装饰环衬着陈列橱窗（参见图25）。

183

184

183、184. 弗兰克·劳埃德·赖特在路易斯·沙利文设计事务所工作时，创作了芝加哥查尼利之家（1891—1892年，图184），阳台采用沙利文式的装饰风格。这种设计尚未形成新的风格，但是其低矮而前伸的屋顶和不尚装饰的风格已经酝酿了1906年设计于布法罗的马丁之家（图183）这类后期建筑。马丁之家带有复杂的内外空间交贯[interpenetration of indoor and outdoor space]。

学领域业绩一片辉煌，为世人公认，一些元素在这个有限的领域中发挥了作用，它们取代了在新材料和新用途方面起作用的东西。

然而，赖特所发挥的作用并不完全是一种美学上的成功。它所包含的事物容易被看作异常美好的新景象：住宅嵌于风景的怀抱之中，并通过台阶和悬臂式屋顶置身其中（图184）；而内部空间自由通畅（图185）。就这种情况而言，美国住宅建筑在他以前已有先例；但这些情况作为一种美学上的体验却完全属于他，从1910年往后，其影响所及也为欧洲创立了新榜样。与此相关的年代是：1891年，查尼利之家[Charnley House]，呈朴素的立方体，但十分封闭；1893年，温斯洛之家[the Winslow House]，有连续突腰的屋檐，却依旧封闭；1895年，

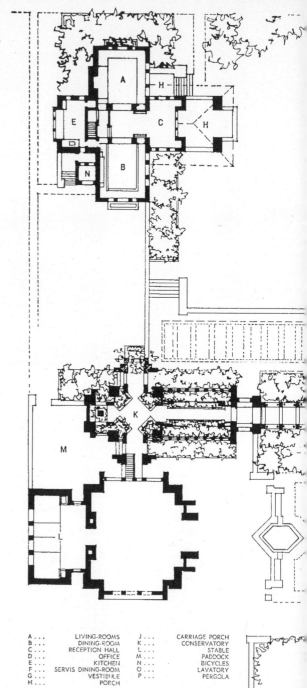

185. 布法罗马丁宅邸平面图，由弗兰克·劳埃德·赖特设计于1906年。房间四布，与植物丛相互交错。内部很少有门；另外，赖特使用了变化多样的地面、立柱和敞拱［open arches］。左部顶端的服务人员住处同样是敞开式［open］布局。图184所示是这份平面图的右侧部分。

A ...	LIVING-ROOMS	J ...	CARRIAGE PORCH
B ...	DINING-ROOM	K ...	CONSERVATORY
C ...	RECEPTION HALL	L ...	STABLE
D ...	OFFICE	M ...	PADDOCK
E ...	KITCHEN	N ...	BICYCLES
F ...	SERVIS DINING-ROOM	O ...	LAVATORY
G ...	VESTIBULE	P ...	PERGOLA
H ...	PORCH		

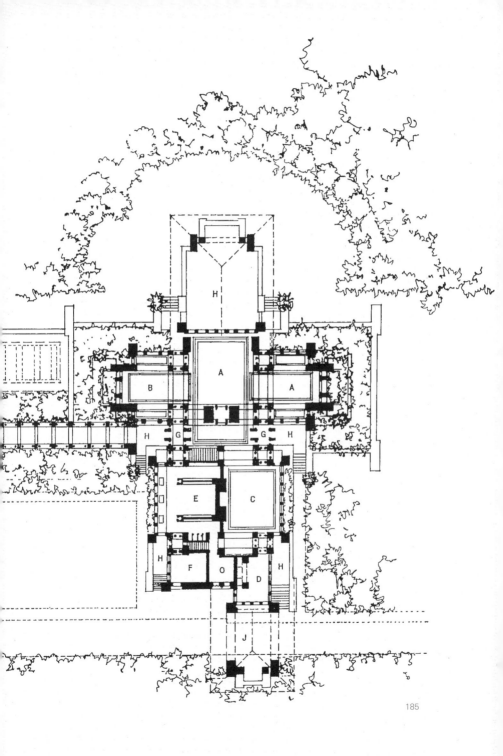

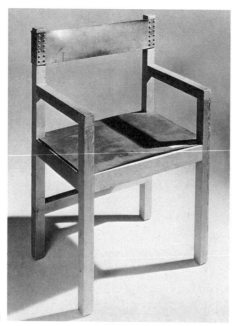

186

186、187. 赫里特·里特韦尔设计的扶手椅：（左图）拘谨的立方体形状，用松木和皮革制成，设计于1908年，那时他年仅20岁。（下图）设计于1917年，全部采用木材；这是第一件体现风格派原则的家具，在这种原则下，舒适服从于几何形。

187

橡树公园[Oak Park]的工作室（图183），首次采用复杂的内廊跃廊式[interlocked]规划，1900—1901年成为完全以这种类型创作的分水线，其成熟之作包括1906年位于布法罗的马丁之家[the Martin House]（图184）、1907—1909年的库利之家[the Coonley House]和罗比之家[the Robie House]。

　　正如前文所言及的，1910年，赖特的作品首次在欧洲出版面世；1914年，格罗皮乌斯在科隆受赖特启发而设计了供展览的工厂办公室系列；1915年，罗布·范托夫[Rob van't Hoff]在荷兰建造了一个标准的赖特式住宅。但是，荷兰很快就抛弃了赖特的要旨而以一种新精神发展了赖特的形式。这种新精神就是立体主义的精神。赖特的形式本来就是充分的立体式，因此，可以迎合如此意义上的变化。这种改变的媒介——风格派[De Stijl]兴起于1917年，它的成就和影响超出了本书的范围。它在建筑方面最有意义的最初表现是奥德[Oud]在舍夫宁根[Scheveningen]海滨设计的排屋（图188），住房各组成部分的

188. 舍夫宁根广场各户有专用院子和分界墙的联排式房屋[terraced housing]设计图，由J. J. 奥德设计于1917年。

形状类似加尼耶设计的工业城中的形状，它们同样简洁。几乎与此同时，非功能的复杂性被引入建筑，用以从美学角度表明平面之间的相互作用。平面间的相互作用也是里特韦尔德[Rietveld]创作于1917年的著名的椅子上所隐含的基本美学概念（图187）。它相当巧妙，甚至比他早期的作品更加使人兴奋。然而早在9年前，他年仅20岁时设计的一把椅子却有一种返璞归真的精神[*Sachlichkeit*]（图186），这种精神与立体主义[Cubism]的相识只会使我们深受困扰。

在制造联盟创立的初年，在探求日常生活用品形式的简洁和功能方面，德国并非踽踽独行。在20世纪的第一个十年，荷兰开始做出贡献；丹麦的贡献也开始了。而此时，丹麦要厉兵秣马将近40年后才成为手工艺和工业设计领域最重要的国家之一。约翰·罗泽[Johan Rohde]最初是画家，与高更、凡·高、图卢兹-劳特累克[Toulouse-Lautrec]、纳比派画家和托罗普相识，并对他们欣赏有加。他设计的家具和金属制

189

189. 约翰·罗泽1897年为自己设计的桃花芯木橱柜，由H. P. 拉森[H. P. Larsen]和L. 拉森[L. Larsen]兄弟制作。

190、191. 丹麦银器：茶壶和糖碗，由约翰·罗泽设计，格奥尔·延森制造（大约1906年），以及格奥尔·延森于1908年设计并制造的刀叉餐具。

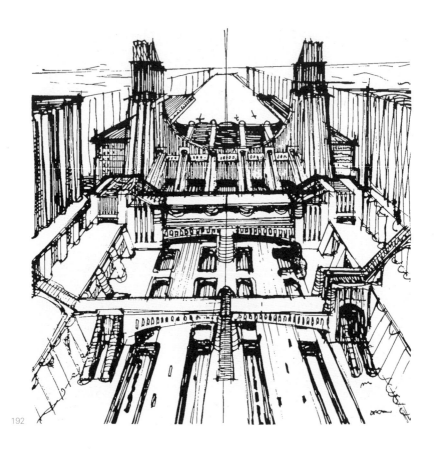

192

品与合理的功能主义同样具有不同寻常的美感（图189、190）。在阿望桥画派的引导下，罗泽向设计方面发展，然而他早就认识到大量采用具有象征意义的图形无法解答设计难题。他的答案比较接近于沃伊齐，本书插图中的橱子与沃伊齐罕见的佳作同样不受传统风格的支配。罗泽的

192. 圣泰利亚的早逝使他无缘实现这种未来主义的宏伟构想：多层交通（汽车在下面；它上面的人行道与上层呈台阶状的建筑相衔接），于1913—1914年得到初步发展。

193. 圣泰利亚大约于1913年设计的凹形楼层摩天大楼，没有任何装饰。

金属制品大多为银匠格奥尔·延森和他的作坊设计，而延森在同一年代设计的刀叉餐具表明他与罗泽之间同声相应（图191）。

至此，在欧洲的主要国家之中只有意大利尚未在本书中提及。从本书所涉及的那些年代直到1909年，意大利在建筑方面的角色和在绘画、雕刻方面一样，确实一直处于次要的位置。梅达尔多·罗索[Medardo Rosso]获得了国际性的重要地位，这一点可能会存有争议；萨马拉戈[Sommaruga]、达龙科[D'Aronco]和卡坦科[Cattaneo]摆脱了维也纳分离派[Vienna Secession]的基本原则和法国新艺术的自然主义，用他们自己的方式创造了"花叶饰风格"[Floreale]。然而，他们所表达的内容与他们从中获取灵感的内容之间没有本质的区别。1909至1914年一切都改变了，未来主义[Futurism]是美学思想、绘画、建筑等革命运动的组成部分之一，正是这些革命运动创立了20世纪。如果没有马里内蒂[Marinetti]、波菊尼[Boccioni]和圣泰利亚[Sant'Elia]，就无法描述20世纪初期。呜呼！在建筑领域，由于战争的爆发和圣泰利亚在1916年过早殒命，实际上一切建筑活动都被束之高阁。像加尼耶的工业城，我们只能通过欣赏图纸来畅想未来（图192、193）。圣泰利亚确实像加尼耶，他对城市规划的贡献不亚于对建筑的贡献。在建筑方面，他是维也纳建筑和"花叶饰风格"的传人。然而，他的一些设计图纸证明他对新颖的方形建筑和巴黎人独特的建筑非常了解。亨利·绍瓦热[Henri Sauvage]于1912—1913年在瓦万大街26号修建一幢公寓大楼时已经形成了一种思想，即通过楼层逐层后缩[stepped-back upper stories]以便增加城市街道的光线（图194）。这种构想被圣泰利亚接受（或者说再创造？），后来成为纽约分区制法律[zoning law]的组成部分和公认的国际准则。这项准则适用于城市，尤其是大都市；它的重要性恰似未来主义之于建筑的重要性，在于它的信奉者满怀激情投身于城市建筑。

城市建筑是19世纪所面临的最迫切、最复杂的难题。建筑师对于这一问题一直没有给予足够的重视，当局也不够重视，而这样做是不道德的。有待解决的难题诸如：划分穿越巴黎的主十大道以便于交通以及提供数量众多、引人注目的视点[points de vue]；开放维也纳堡垒城墙的缓冲地带；开辟大量的环形公园以及用于大型公共建筑的理想地点。这些都市曾经展示它们的审美要点[aethetic points]；谁看到歌剧院大街[Avenue de l'Opéra]或皇家大道[Rue Royale]不会引起视觉上的兴奋呢？然而，我们所看到的真正难题是众多的居民无望得到住房。在1801年到1901年间，伦敦（这个地区在1888年成为伦敦郡）人口从不

194. 亨利·绍瓦热设计的巴黎瓦万路26号公寓（1912—1913年）；上层的凹形楼层和白色的瓷砖饰面使街道更加敞亮。

足100万增加到将近450万人；在曼彻斯特，人口从大约10万增长到大约55万人。而我们所看到的同样无望、同样紧迫的难题是工厂选址。如果建筑师对此毫不关心，制造商就会更加漠然视之。但是，作为社会主义者的制造商罗伯特·欧文[Robert Owen]于1817年设计了带有工厂和住房的样板村庄，勒杜[Ledoux]在20年前也这样做过；1850年左右，一些制造商开始建造这种住房规划中比较简朴的类型。其中规模最大、说服力最强的是利兹附近的索尔泰尔工业区[Saltaire]，它由泰特斯·索尔特爵士[Sir Titus Salt]建于1850年到大约1870年之间。如果单纯从卫生角度来看，厂区宽敞宏大，高出设计得毫无想象力的工人宿舍街区，这是可以接受的（图195）。继而有莫里斯关于愉快劳动和社会义务的热情布道以及诺尔曼·肖大小适中的漂亮住房。还有第一处城郊

195

196

公园——贝德福德公园，就在1875年于伦敦城外落成。它并不是为了劳动阶级，而是为中产阶级的美学倾向而修建的，但其意旨易于接受。使住房具有亲切感，使其外观多样化，使建筑区可以广植树木，这些都是亟须学习的经验。1888年于利物浦郊外为利佛[Lever]的雇员设计的阳光港[Port Sunlight]已开始采纳这些想法（图196）；1895年为卡德伯里[Cadbury]的雇员设计的伯恩维尔工业区[Bournville]也采纳了这些

195. 设计于1850年的索尔泰尔工业区位于利兹附近，是世界上第一个大型工业住宅区：820幢住宅呈网格状分布在工厂附近，学校和研究所建在左边，教堂高出工厂。环境卫生的改善颇为可观，在成排的住房和跨河公园之间建有服务区，但是，从视觉上看，索尔泰尔工业区毫无贡献。（左上角的花园城市是后来建造的）

196. 阳光港口由利弗的公司于1888年开始修建，采用的城郊花园形式更富有人情味，而且通风良好：为了使该工业区恍若置身公园，半独立的砖结构房屋散布于树丛中。

197

构思。既然这样，这些工业区像索尔泰尔工业区一样，工厂属于总体规划的组成部分。这条原则在埃比尼泽·霍华德[Ebenezer Howard]1898年出版的《明天》[Tomorrow]和1899年出版的《明天的花园城市》[Garden Cities of Tomorrow]两书中得以扩展和系统化。现在，新原则出现了。它让我们离开庞杂的、肮脏的、拥挤的、嘈杂的旧城市，去建造新城市，它按照便于管理的规模和人的尺度来设计，并带有自己的工厂

197. 帕克和昂温在此试图依照肖为一位名流设计的贝德福德公园，把始建于1904年的莱奇沃思花园城市的规模扩大：这些住宅是沃伊齐和贝利·斯科特推广的英国乡村小屋[English cottage style]的迷人变体，把砖、瓷瓦和粗灰泥混合使用，建成从单户型到小型成排住宅的各种型号的住房。

198. 花园城郊风靡全欧洲，理查德·里默施密德也选择了这种形式；下图是他于1907年在威斯特法伦州的哈根[Hagen]为纺织工人设计的住宅，与雷蒙德·昂温宣扬的原则完全一致。

和办公室、花园和宽敞的公园。

可是，霍华德的花园城市只是一份图表，第一座真正意义上的
花园城市出现在伦敦以北大约35英里处的莱奇沃思[Letchworth]，它
由帕克[Parker]和昂温[Unwin]于1904年设计（图197），但在1931年
居民还不到1.5万人；帕克和昂温还于1907年开始设计汉普斯特德花园
城郊[Hampstead Garden Suburb]，这是一个花园式城郊，而不是一
座花园城市，正像里默施密德1907年的设计图纸和1912年在埃森城外
马尔格累顿赫[Margarethenhöhe]设计的克虏伯工厂一样（图198）。
这其中所包含的思想明白无误。花园城市——我们今天所谓的卫星城
[Trabantenstadt]——是合情合理的，它甚至大有益处，但它不是最终
的解决之法。大都市已经根深蒂固，我们必须与之妥协。托尼·加尼耶
首先明白这一点。工业城和霍华德的花园城市同样是里程碑，因为这是
围绕一个真实的地点、一座真实的城镇所做的构想，因为它的设计者显
然对工业区和商业区、公共建筑和住宅同样感兴趣——这早已被注意到

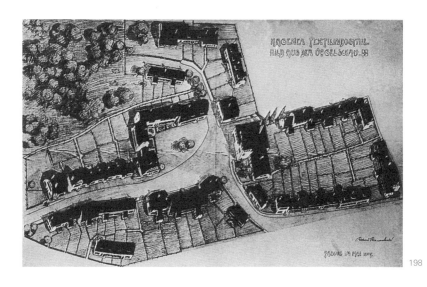

了。霍华德之作是社会革新者的贡献，加尼耶之作是可能受雇于政府部门或市议会的建筑设计师的贡献；未来主义者的贡献是狂热的，这一点正是霍华德避之不及的。

马里内蒂在1909年发表了"未来主义宣言"，他这样说："我们宣告，由于世界上出现了一种新的美——速度美而更加壮观辉煌……呼啸飞驰的轿车，像机枪一样嗒嗒作响，比萨莫色雷斯的胜利女神[Winged Victory of Samothrace]更加美丽动人……我们要歌颂激情澎湃的人山人海——工人、寻欢作乐者、滋喧闹事者……我们要歌颂造船厂闪耀着如月华一般的灯光的热情午夜……"，以及车站和火车的浓烟、工厂、桥梁、蒸汽机和飞机。这是圣泰利亚发表于《新都市》[*Città Nuova*]展品目录里的《文告》[*Messaggio*]，又被马里内蒂改编为《未来主义建筑宣言》："我们必须发明和建造亘古未有的[*ex novo*]现代城市，它像一个喧哗的大型船厂，富有活力和变化无穷，处处充满生机，现代建筑犹如庞大的机器……电梯必须像蛇一样爬上玻璃和铁组成的正面。住宅采用混凝土、铁和玻璃，没有装饰……采用机械似的简单粗野方式……必须从喧嚣的深渊边缘升起，街道……汇聚大都市的交通，连接必需的狭窄的金属过道[metal cat-walks]和高速输送带[high-speed conveyor belt]。"

也许，尽管有贝伦斯和格罗皮乌斯，新的风格或许需要有人狂热地大加充实以便战胜这个时代。对此，未来主义者自告奋勇地站出来。表现主义艺术家们在战后对此毫不推辞，设想出他们第一批采用钢和玻璃的摩天大楼。最后，只在20世纪中叶，花园城市和大都市才形成合流；在那里，花园城市最终成为城市中心，并拥有一万个花园区，摩天大楼仔细选址，办公大楼排列有序并围绕着露台花园。

就这样，建筑又像以前那样为人类生活做出了巨大的贡献。绘画和雕塑的贡献是在同等水平上吗？绘画、雕塑这类所谓的纯艺术与建筑、设计这类所谓的应用艺术致力于共同的目标，并感受到同样强烈的责任感吗？中世纪曾经如此，巴洛克时代也曾如此。但是，这种彼此一致，这种相互理解，并不总是理所当然之事。阿姆斯特丹市政厅和伦勃朗为它绘制的《克劳狄乌斯的密谋》[Conspiracy of Claudius Civilis]没有并置一处。称赞此者不必要称赞彼者；如果有人这样做，他们此举必会出于相反的原因。荷兰在17世纪是中产阶级的共和国。正是在这个国度，首次出现了遭受误解和忽视、忍饥挨饿的艺术家形象。另外，荷兰是一个新教国家，并不需要用于崇拜神灵或上帝的视觉艺术。第二个艺术不受欢迎的时代，便是第一个中产阶级时代，即19世纪——更确切地说是19世纪和属于这一时代的18世纪晚期。这时，对艺术家的忽视变成积极的反对；另一方面，艺术在戈雅[Goya]、布莱克、伦格[Runge]那儿形成一种秘密语言。如果你想了解艺术家，你必须任其摆布并孜孜于此；他不会再为你而工作了。按旧章程办事的赞助人已往矣；而那里的赞助人所要做的与艺术家的信条一样独特，一样暴露无遗。内外交加的孤立是巴比松派[Barbizon]画家、库尔贝[Courbet]、印象派画家和后印象派画家[Post-Impressionists]的共同命运。如果有什么区别的话，那就是出现了敌对派的攻击。建筑的社会化发展必然造就另外一番天地。建筑师从来不可能会像画家一样被孤立。然而，得到相对的安全感这一事实，就建筑师而言是令人满意的，而对于建筑来说毫无裨益。简单地说，19世纪最有创造力的人没有选择建筑师这个职业。这在一定程度上解释了20世纪多年来审美价值崩溃的现象，也同样解释了为什么最具有超前意识的工作如此频繁地出自行外人之手。为什么出自工程师之手的原因在于这个世纪是一个唯物主义的世纪和由此而来的科学技术的世纪；以往任何一个世纪都未曾见过在这些领域所取得的进步。这种进步以牺牲本该欣然接受印象派和后印象派的敏感人物的审美感受为代价。水晶宫取得了成功，而其中装饰艺术的败笔也同样功成名就。建筑师的建筑与沙龙或学院派艺术殊途同归，而工程师和探索者的建筑与探索者的艺术则分道扬镳。

　　但是，以上这种说法可能过于突兀。最优秀的画家、手工艺人或制造商和最优秀的建筑师所走的道路会偶尔交会。最早的相会富于成效：它发生在莫里斯的鼓动与年轻的画家和建筑师转向设计之间。然而，这些相会大都没什么意义。人们也许会这样说，在关系趋于密切又远离夸夸其谈这方面，英国住宅复兴和同年代的印象主义绘画有类似之处。人们也许还会说，建筑物正面的细部以其优雅取代维多利亚女王盛世建筑师的粗俗和空洞，这与印象派绘画的优雅相符，而与库尔贝的绘画相悖。但是，那并未将我们的视线吸引得太远。

　　新艺术则不然。在新艺术中，某些画家与手工艺设计师的确心有灵犀。如果说新艺术以彻底的革新、魔法式的曲线为特征，那么，高更当然归属于它，——关于这一概述的一幅插图（图42）已经说明了这一点——北欧的蒙克、托罗普和霍尔塔也是如此，在某种程度上，莫里斯·德尼[Maurice Denis]、瓦洛东[Vallotton]、绘写《马戏团》[The Circus]的修拉[Seurat]、描画《费内翁肖像》[Fénéon]的西涅克[Signac]也算此列。但是，好景转瞬即逝，在1900年左右的短短几年中，发生了什么事？建筑走上加尼耶（图156）和佩雷、卢斯和霍夫曼（图163）、贝伦斯（图178）和伯格开辟的道路，而设计走上制造联盟发展的道路（图168、169），绘画走上野兽主义[Fauvism]和立体主义、桥社[the Brücke]和青骑士[the Blaue Reiter]、未来主义和康定斯基[Kandinsky]的道路。很容易看出宾德斯博尔的盘子（图48）、高迪圣家堂的尖塔（图108）和毕加索的陶器之间在方法与效果上存在相似之处，却分别属于不同的创作时期。也很容易把几何型立体主义绘画和20世纪20年代的立方体建筑——毕竟勒·柯布西埃在这两方面都有所建树——或者莱热[Léger]笔下机器似的人物和建筑师行列中的机器崇拜者视为同类。但是，这些对照只停留在表面上。它们没有涉及本质上的变化，诸如建筑师和设计师再次接受社会责任，建筑与设计因此而成为一种服务，设计出来的建筑和日常用品不仅要满足设计者的审美愿望，还要完全而热心地达到实用目的。画家和雕塑家则不然。他们早在19世纪就已经脱离了公众。现在，他们被无可挽回地孤立了。库尔贝因为他的要旨震惊了公众，不过，大家都完全明白他的要旨。印象派画家因其画面难以辨别而倍受攻击；但事实证明，这是一个视觉习惯问题。他们的审美目标与提香和委拉斯凯兹没什么不同。如果艺术作品应该包含一定的精神内容，那么，艺术家仅仅注重他们的审美目标而忽略精神含义，这就会使他们丧失公众可能给予的赞同。高更、凡·高、象征主义画家、蒙克和霍德尔倾注全力以恢复这些中断的精神联系。但是，他们失败了；凡·高渴望他的绘画像寻常读物一样被普通人接受，而建筑师和设计师可以从凡·高这一想法中受到启发，从而致力于发展适合所有人的风格，而立体派和康定斯基动感的抽象艺术则做不到这一点。

　　格罗皮乌斯希望能做到这一点，于是他力邀克利和其他抽象派艺术家加盟包豪斯。此后，这种努力便销声匿迹了。给抽象派艺术家在建筑物里提供一堵墙或给抽象派雕塑家在庭院中提供一个角落，这并不能替代其原先的公众性。强迫艺术家直接服务于社会而违背他更好的美学信念，这是社会现实主义[Socialist Realism]的原则，也曾是国家社会现实主义[National-Socialist Realism]的原则，却更加于事无补。而事实上，这毫无用处。杰克逊·波洛克[Jackson Pollock]和密斯·凡·德·罗[Mies Van der Rohe]甚或内尔韦之间的鸿沟难以逾越。本书在此无意提出补救方法也无意预测未来。这里必须尽力阐明的是，在世界大战初露端倪之际，在20世纪视觉艺术中，什么是最大的灾难，什么又是其充满希望之处。

正文注释

1.《尖拱建筑或基督教建筑的真谛》[*The True Principles of Pointed or Christian Architecture*]，1841年，第1页。

2.《相同原则的艺术住所》[*Les Beaux-Arts réduits à un même principe*]，1747年，第47页。

3.《美的分析》[*The Analysis of Beauty*]，约瑟夫·伯克[Joseph Burke]编辑，牛津大学出版社，1955年，第32—33页。

4. A. 梅米[A. Memmi]，《论洛多利建筑的基本原理》[*Elementi dell'Architettura Lodoliana*]，罗马，1786年，第1卷，第62页。

5.《真谛》，第26页。

6.《设计与制造杂志》[*J. of Des. and Manuf.*]，第4卷，1850年，第175页。

7.《设计与制造杂志》，第1卷，1849年，第80页。

8. 雷德格雷夫，《评判委员会关于设计的补充报告》[*Supplementary Report on Design by the Juries...*]，1852年，第720页。

9. 欧文·琼斯[Owen Jones]，《装饰艺术中的真实与虚假》[*The True and the False in the Decorative Arts*]，1863年（根据1852年的演讲），第14页。

10.《设计与制造杂志》，第5卷，第158页;《评判委员会关于设计的补充报告》，第708页。

11.《设计与制造杂志》，第4卷，第10，第74，……页。

12. 斯坦顿[Standon]夫人告诉我，许多发表过的信件已被引用，其中一封将收入她关于普金的专论。

13. 图书馆版，第35卷，第47页。

14.《设计与制造杂志》，第4卷，同前。

15.《设计与制造杂志》，第6卷，第16页。

16.《对话录》[*Entretiens*]，第1卷，第451页。

17.《对话录》，第1卷，第472页。

18.《对话录》，第2卷，第289页。

19.《对话录》，第1卷，第388页。

20.《对话录》，第1卷，第321页。

21.《对话录》，第2卷，第114页。

22.《对话录》，第2卷，第67页。

23.《对话录》，第2卷，第55页。

24.《现在和未来的非宗教性建筑与生活建筑评述》[*Remarks on Secular and Domestic Architecture, Present and Future*]，1858年，第224，109页。

25.《建筑的七盏明灯》[*The Seven Lamps of Architecture*]中的《服从的明灯》，第4段和第5段。

26.《作品集》[*Collected Works*]，第22卷，第315页。

27.《作品集》，第22卷，第15页。

28.《作品集》，第22卷，第11页。

29. J. W. 麦凯尔[J. W. Mackail]，《威廉·莫里斯传》[*The Life of William Morris*]，世界古典丛书，第2卷，第15页。

30.《作品集》，第22卷，第9页。

31.《作品集》，第22卷，第25页。

32.《作品集》，第20卷，第40，42页。

33.《作品集》，第22卷，第40页。

34.《作品集》，第22卷，第33页。

35.《作品集》，第22卷，第42页。

36.《作品集》，第22卷，第46页。

37.《作品集》，第22卷，第26页。

38.《作品集》，第23卷，第145—146页。

39.《作品集》，第22卷，第22页。

40.《作品集》，第22卷，第23—24页。

41.《作品集》，第22卷，第47页。

42.《作品集》，第22卷，第335页。

43.《作品集》，第22卷，第48页。

44. J. W. 麦凯尔，同前，第1卷，第116页。

45. J. W. 麦凯尔，同前，第2卷，第124页。

46.《作品集》，第22卷，第73页。

47.《作品集》，第22卷，第41页。

48.《幼儿园闲谈》[Kindergarten Chats]，1947年版，第187页。

49.引自一本非常早的资料《设计流派图录》[Drawing Book of the School of Design]，由浪漫派[Romantic]或拿撒勒派[Nazarene]画家威廉·戴斯[William Dyce]编辑，1842—1843年出版。被争论的一段重印于《设计与制造杂志》，第6卷，1852年。

50.两处引文见S.楚迪·马德森[S.Tschudi Madsen]的《新艺术运动的源泉》[Sources of Art Nouveau]，奥斯陆，纽约，1956年。见于第177、178页。

51.《现代建筑艺术方法论》[Les Formules de la Beauté architectonique moderne]，布鲁塞尔，1923年，第65—66页。

52.《画室》[The Studio]1893年第1期，第236页。

53.唯一的证据是1899年出版的《画室》中的一份图片说明，但其自身的原因表明其年代不会太早。

54.引自上述马德森的著作，第300页。下述作品现藏贝思纳尔·格林博物馆[Bethnal Green Museum]：加莱的一个托盘、一张工作桌、一张屏风和一只五斗橱，马若雷勒的三只橱、一件茶几、一把扶手椅和两个托盘，加亚尔的一张椅子、克里斯琴森[Christiansen]的一条凳子，A.达拉斯[A. Darras]的三把椅子，佩罗尔·弗雷尔[Pérol Frères]的一只衣橱、一件床架和一只五斗橱，E.巴盖[E. Baguès]的一张书桌、一把扶手椅、一把椅子和一条凳子，雅洛[Jallot]的一把椅子；另外，还有德国人J. J.格拉夫[J. J. Graf]和斯平德勒[Spindler]设计的镶板和有扶手的高背长椅和埃克曼为宾设计的一把椅子。

55.《实用的，还是想象的》[Zweckmassig oder phantasievoll.]，转引自H.塞林[H.

Seling]等《青年风格》[Jugendstil]，海德堡和慕尼黑，1959年，第417—418页。

56.《虚言》[Ins Leere gesprochen]，因斯布鲁克，1932年，第18页。

57.《建筑风格……》[Stilarchitektur...]，第42—43页；《德意志制造联盟年鉴》[Jahrbuch Deutschen Werkbundes]，1913年，第30页。

58. M.克里斯托夫·帕沃夫斯基[M. Christophe Pawlowski]在他关于托尼·加尼耶的新书中（巴黎城市规划研究中心[Centre de Recherche d'Urbanisme]，1967年），证实工业城最吸引人之处并未出现在加尼耶1901—1904年在罗马完成的设计方案中，而是在1917年付梓时才补充进去。它列举了车站、会议大厅和剧院这些例子。另一方面，在1901—1904年设计的平面图中，车站已经有许多长长的指状物，这些只能被看作供轿车、出租汽车、运货汽车等往返的分割空间。之所以如此，大概是因为它们已经具备混凝土屋顶，跨在细长支柱上的屋顶很薄，高高挑起。

59. C. S.怀特尼[C. S. Whitney]，见《混凝土研究所杂志》[Journal of the Concrete Institute]，第49卷，1953年，第524页。

60.《〈狂飙〉和包豪斯回忆录》[Erinnerunger an Sturm und Bauhaus]，慕尼黑，1956年，第154页。

61.《现代建筑》[Moderne Architektur]，维也纳，1896年，第41页。

62.《来自委员会的报告》[Reports from Committees]，1836年，第9卷，第29页。

63.《评判委员会关于设计的补充报告》，第708页。

64.《杂文与讲演》[Essays and Lectures]，第4版，1913年，第178页。这次演讲发表于1882年。

人物注释

ASHBEE，Charles Robert[阿什比，查尔斯·罗伯特]（1863—1942 年），英国建筑师、设计师和作家。他是博德利[Bodley] 的学生。他于 1888 年创办了同业公会和手工艺学校，随后将该同业公会由乡村迁至奇平坎登[Chipping Campden]。他经常在艺术和手工艺展览会、维也纳分离派画展上展出作品。由于第一次世界大战，该同业公会被迫终止。参见图 124、126。

BAKER，Sir Benjamin [贝克，本杰明爵士]（1840—1907 年），英国工程师。1891 年，他丌始与约翰·福勒长期合作，共同负责设计伦敦地铁和各种车站、桥梁。他们的杰作是福斯大桥；并于 1890 年在该大桥的揭幕典礼上同时受封爵士。贝克还担任了阿斯旺大坝[Aswan Dam] 的顾问，并设计了把克丽奥帕特拉方尖碑[Cleopatra's ncedle] 运往伦敦的船只。参见图 146。

BAUDOT，Anatole de[博多，阿纳托尔·德]（1834—1915 年），法国建筑师和理论家。德·博多是拉布鲁斯特和沃约利特 - 里 - 迪克的学生。作为一名古迹监督员，他做了大量的古建筑复原修缮工作；作为一名官方建筑师，他负责各种各样的建筑；作为一名教师，他规定了使用加固材料，并付诸圣-让·德·蒙特马尔泰教堂。参见图 147、148。

BEHRENS，Peter[贝伦斯，彼得]（1868—1940 年），德国建筑师、装饰艺术家、画家、模型制造者、雕刻师和字体设计师。他一开始加盟"青年风格"，1940 年退出并转向理性的立体风格。1907 年，他被推选为德国通用电气公司的顾问，并为之设计了最优秀的建筑。1903 年，他担任杜塞尔多夫实用美术学校[Düsseldorf School of Applied Arts] 的校长；1922 年，成为维也纳学院[Vienna Academy] 的建筑学教授。参见图 173—178。

BERG，Max[伯格，马克斯]（1870—1947 年），作为布雷斯劳城[Breslau] 的一位建筑师，他设计了 1913 年博览会的世纪大厅。后来，他不再从事建筑。参见图 159、160。

BERLAGE，Hendricus Petrus[贝尔拉赫，亨德里克斯·彼得鲁斯]（1856—1934 年），荷兰建筑师。起初与桑佩尔一起求学，后来就学于意大利。他注重利用普通材料，尤其是砖。他的影响在荷兰最为深远。在那儿，他出版著述，发表演说，并承担了海牙（1907—1908 年）和阿姆斯特丹（自 1913 年起）扩建工程的规划工作。参见图 119。

BERNARD，Emile[贝尔纳，埃米尔]（1868—1941 年），法国画家和手工艺人。1888 年，在阿望桥与高更逗留期间，他抛弃了学院派艺术和印象主义艺术，转向综合主义或分隔主义。1905 至 1910 年，在其《美学的革新》[Le Rénovation esthétique] 一书中为他的理论辩护。他在阿望桥创作的许多作品属于原始新艺术风格。后来，他的艺术变得更加传统化。参见图 46。

BINDESBØLL，Thorvald [宾德斯博尔，托

瓦尔］（1846—1908 年），丹麦建筑师。他是一位受过训练的建筑师，他设计家具、银器、皮革制品等等，然而最重要的是，他首先是一位陶瓷艺术家。在远东艺术的影响下，他形成了一种独特风格：抽象、独立、无时序、自然。参见图 47、48。

BOUSSIRON，Simon［布西龙，西蒙］（1873—1958 年），法国工程师。他先是在埃菲尔的事务所工作，但于 1899 年离去，并将余生用于探索钢筋混凝土的用途。参见图 157。

BUNNING，James B.［邦宁，詹姆斯·B.］（1802—1863 年）。1843 年，他被任命为伦敦市工程建筑管理员。1852 年，他修建了煤炭交易所和霍洛韦监狱［Holloway Prison］；又于 1855 年修建了大都会牛市［Metropolitan Cattle］（苏格兰市场［Caledonian Market］）。参见图 4。

CHARPENTIER，Alexandre［沙尔庞捷，亚历山大］（1856—1909 年），法国雕刻家和设计师，沙尔庞捷先是加入五人社，后来又加入六人社。他的家具和常用于家具和书籍装订的青铜饰板闻名四方。参见图 76。

CONTAMIN，V.［孔塔曼，V.］（1840—1893 年），法国工程师。孔塔曼与迪特合作修建了著名的 1889 年巴黎世博会机械大厅。他在现代建筑使用铁和钢方面迈出了成功的一步，并扩展了对其各种可能性的认识。参见图 7。

CRANACH，Wilhelm Lucas Von［克拉纳赫，威廉·卢卡斯·凡］（生于 1861 年），德国肖像画和风景画画家，也制作城堡模型。他在俄国人尤洛夫斯基［Julovsky］的影响下创作艺术品［objets d'art］。参见图 65。

DAUM，［多姆兄弟］，Auguste［奥古斯特］（1853—1909 年）和 Antonin［安托南］（1864—1930 年），均为法国玻璃工人。加莱在 1889 年巴黎世博会上的成功，激励他们开始在南锡生产玻璃制品。在 1893 年芝加哥世界博览会［Chicago Exhibition］之后，他们的作品赢得了国际声誉。参见图 69、73。

DUTERT，Ferdinand［迪特，费迪南］（1854—1906 年），法国建筑师。他是利哈斯［Lebas］和吉纳［Ginain］的学生。他致力于探索铁在建筑中的合理运用。参见图 7。

ECKMANN，Otto［埃克曼，奥托］（1865—1902 年），德国印刷师［typographer］和设计师。1894 年，他在印刷中创造性地采用了青年风格。他对新艺术的看法是：蔬菜的形状显而易见。1895—1897 年，他为《潘神》杂志撰稿。在他的家具中，结构得到应有的强调。参见图 59、60、79。

EIFFEL，Gustave［埃菲尔，居斯塔夫］（1832—1923 年），法国工程师。他在所有因使用铁和钢而出名的人当中居于首位。精确计算和热衷功能，使埃菲尔的作品成为法国理性主义建筑的主流。参见图 144、145。

ENDELL，August［恩德尔，奥古斯特］（1871—1925 年），德国设计师。他研究哲学，并通过自学成为艺术家。最初，他曾受到奥布里斯特的鼓励。1896 年，他在慕尼黑修建了埃尔维拉艺术家工作室。后来，他成为布雷斯劳学院 [Breslau Academy] 的院长。参见图 83、87、89。

FOWLER，Sir John [福勒，约翰爵士]（1817—1898 年），英国工程师，因修筑铁路的业绩而享有盛誉。1844 年，他创办了自己的公司，并成为伦敦大都会铁路 [London Metropolitan Railway] 的工程师。1865 年，他成为土木工程师学会最年轻的会长。他与贝克（参见该条）一起建造海湾前方大桥 [the Forth Bridge]，此桥竣工于 1887 年。从 1871 年起，他成为埃及统治者伊斯梅尔帕夏 [Khedive Ismail] 的工程总顾问。参见图 146。

GAILLARD，Eugène [加亚尔，欧仁]（1862—1935 年），法国家具设计师，萨缪尔·宾 [Samuel Bing] 的合作者之一。参见图 77。

GALLÉ，Emile [加莱，埃米尔](1846—1904 年)，法国手工艺人和设计师。对古典作品进行了大量研究之后，他投身于父亲的陶器和玻璃制造厂。他参加了 1878 年的巴黎博览会，并因精湛的技艺和富于独创而为人所知。他精于玻璃制品和家具，并成为新艺术风格的主要倡导者之一。参见图 36、38、74。

GARNIER，Tony [加尼耶，托尼]（1869—1948 年），法国建筑师、工程师和理论家。1899 年，加尼耶获得罗马大奖。他在意大利时设计了他的工业城。1904 年，加尼耶的家乡——里昂市的新市长爱德华·埃里奥发现了他，并赞成他掌管市政工程部门。参见图 153—156。

GAUDÍ Y CORNET，Antoni [高迪·依·科尔内，安东尼]（1852—1926 年），最伟大的新艺术建筑师。他的绝大多数建筑作品建在巴塞罗那，并为本书论及。他的早期作品主要是 1878 年的比森斯公寓和 1884—1889 年的奎尔宫。成熟之作是圣哥仑玛·德·塞瓦隆村的教堂地下室（始建于 1898 年）、奎尔公园（始建于 1900 年）、圣家堂十字耳堂正面的顶部（始建于 1905 年）、巴特罗公寓和米拉公寓（始建于 1905 年）。他过着俭朴的退休生活，完全献身于他的工作。参见图 51、81—82、84—86、103—110。

GAUGUIN，Paul [高更，保罗]（1848—1903 年），他最初从事银行工作，后来放弃这一工作而倾心于绘画。他参加了最后一次印象派画展。1886 年，他初次在阿望桥逗留。他急于摆脱现代文明，于 1887 年转往马提尼克岛 [Martinique]。第二次与埃米尔·贝尔纳等人一起在阿望桥逗留期间，他发展了一种色彩单纯均匀、平面化的挂毯式 [tapestry-like] 风格；这种风格或接近新艺术，或接近 20 世纪 20 年代的表现主义。他也做过原始风格的雕刻。1888 年，他和凡·高一起在阿尔 [Arles] 待了几个月。接着返回阿望桥，但是他从 1891 年开始在塔希提岛 [Tahiti] 居住，从此，再也没有返回阿望桥。他最后一次探访法国是在 1893 年 8 月至 1895 年 2 月；这是他最后定居塔希提岛之前的事。后来，他离开塔希提岛，来到更荒凉的马克萨斯群岛 [Marquesas Islands] 并病逝于此。参见图 39—43。

GILBERT，Alfred [吉尔伯特，阿尔弗雷德]（1854—1934 年），雕刻家。他最著名的作品之一是温莎堡[Windsor]的克拉伦斯纪念碑[Clarence Memorial]（始建于1892年）和皮卡迪利广场[Piccadilly]的沙夫茨伯里纪念喷泉（厄卢斯）[Shaftesbury Memorial Fountain (Eros)]。早在19世纪80年代，他的风格近乎新艺术，但完全是具有个人色彩的多样化。参见图49—50。

GIMSON, Ernest[吉姆森，欧内斯特]（1864—1920年），英国手工艺人和设计师，他于1881—1884年研究建筑。在威廉·莫里斯的建议下，吉姆森拜访了J. D.塞丁[J. D. Sedding]。1886—1888年，他一直和塞丁一起共事。从1901年起，他从事家具和金属制品设计。他的设计作品先后由赛伦塞斯特[Cirencester]的一群手工艺人和他自己的丹韦作坊[Daneway House Workshops]来完成。参见图123。

GROPIUS, Walter[格罗皮乌斯，沃尔特]（生于1883年）。1903—1907年，在慕尼黑和柏林研究建筑。1919年，继凡·德·维尔德之后主办魏玛艺术学校，他把该校并入著名的包豪斯学校[Bauhaus]。包豪斯学校拥有由像克利、康定斯基、费宁格[Feinninger]、施莱默[Schlemmer]和莫霍利-纳吉[Moholy-Nagy]这样的教师，很快成为国际化现代运动[International Modern movement]的中心之一。1925年，迁移至德绍[Dessau]。1928年，格罗皮乌斯离开该校，由密斯·范·德·罗继任。1933年，学校被解散，所有成员在纳粹风暴中四散而去。格罗皮乌斯先去英国避难，后来转赴美国，并执教于哈佛大学。格罗皮乌斯是20世纪建筑风格的开创者之一；他建于1911年的法戈斯工厂就完全表现出这种风格。作为具有社会责任感的建筑师，

他的演说感人至深。参见图179。

GUIMARD, Hector[吉马尔，埃克托尔]（1867—1942年），法国建筑师和装饰艺术家。吉马尔接受了新艺术的思想，他是法国新艺术主要代表人物之一。他负责著名的巴黎地铁入口的设计工作，还设计了巴黎西端的大量住宅，其中主要是1897—1898年的贝朗热城堡。参见图97—102。

HENNEBIQUE, François[埃内比克，弗朗索瓦]（1842—1921年），法国工程师。他在去巴黎之前，是库特赖[Courtrai]和布鲁塞尔的承包商。1879—1888年，他研究铁与混凝土的结合；1892年，他得到此项专利。他成为法国最主要的钢筋混凝土设计师和承包商。他在19世纪90年代建造的工厂具有笔挺的柱子和过梁，但是，他1904年为自己设计的华而不实的住宅展示了混凝土的优点。参见图149。

HOENTSCHEL, Georges[亨治尔，乔治]（1855—1915年），法国设计师和装饰艺术家。亨治尔被委派设计1900年世界博览会的装饰艺术联合中心[Union Centrale des Arts Décoratifs]的会馆。参见图67。

HOFFMANN, Josef[霍夫曼，约瑟夫]（1870—1956年），奥地利建筑师和室内设计师。他是奥托·瓦格纳的学生，是维也纳分离派的创始人之一。1903年，他参与创办了维也纳工艺厂；在接下来的30年里，他给工艺厂注入了活力。他一开始追随新艺术，但大约在1900—1901年间，由于麦金托什的决定性影响，他放弃了新艺术并转向一种正方形的和长方形的风格。1903年，他在普克斯多夫[Purkersdorf]设计的

康复之家 [Convalescent Home] 表明他的这种风格已趋于完全成熟；1905 年在布鲁塞尔设计的斯特克莱宫 [the Palais Stoclet] 首次宣告 20 世纪风格中的纪念性和极度高雅已经形成。参见图 141、163—165。

HOLABIRD, William[霍拉伯德，威廉] (1854—1923 年)，美国芝加哥学派建筑师，受到 W. 勒巴伦·简尼的训练，然后在伯恩哈姆-鲁特设计事务所 [office of Burnham & Root] 工作。在马丁·罗奇的合作下，他成为办公大楼钢铁框架 [steel frame] 及其应用的先驱，发明了中间固定而两翼可以活动的大窗户，以便更好地通风（"芝加哥式窗户" [Chicago windows]）。参见图 24。

HORTA, Victor [霍尔塔，维克托] (1861—1947 年)，比利时建筑师。1886 年，霍尔塔建造了第一批住宅。3 年后，他开始在建筑结构中使用铁，这使他可以把曲线用于建筑内部和外部。他的主要作品都在布鲁塞尔：1892 年的塔塞尔饭店 [Hôtel Tassel]、1895 年的索尔维饭店以及 1896—1899 年的人民之家，等等。后来，他抛弃了这些新艺术作品所展示的原创性而转向古典主义风格。参见图 88、90—95。

JENSEN, Georg [延森，格奥尔] (1866—1935 年)，丹麦金匠，也是雕刻家、陶艺家。在巴黎逗留（1900—1901 年）一段时间之后，他开始与芒努斯·巴兰 [Magnus Ballin] 合作制作珠宝。约 1904 年，他开始全力制作银器。这使他声名鹊起，到 1910 年享有国际声誉。参见图 190—191。

KLIMT, Gustav [克里姆特，居斯塔夫]（1862—1918 年），奥地利画家。他早年从艺时恪守传统；1899 年，他突然转向具有自身特色的新艺术风格。他积极参与维也纳分离派，并成为该派的主席。装饰和建筑的关系是他思索的主要问题之一，他对奥地利装饰艺术影响很大。在绘画方面，科柯施卡 [Kokoschka] 和席勒 [Schiele] 都受到他的影响。在装饰艺术方面，他的伟大杰作 [magnum opus] 是在霍夫曼的斯托克莱宫设计的马赛克。参见图 164、166。

KOEPPING, Karl [克平，卡尔]（1848—1914 年)，德国画家和玻璃设计师。1869 年，他从化学研究转向绘画。从 1896 年开始，他为《潘神》杂志撰稿。他收集日本艺术品 [objets d'art]，从中汲取灵感以创作他藉以获取声誉的玻璃花瓶之类。参见图 71。

LABROUSTE, Henri [拉布鲁斯特，亨利]（1801—1875 年)，法国建筑师。23 岁荣获罗马大奖，在意大利过了 5 年。通过反对学院派，他成为理性主义学派 [Rationalist school] 的领袖。1843—1850 年，他在巴黎的圣-热纳维耶芙图书馆内部把铁制构件裸露在外，宣告建筑革命即将到来。参见图 5。

LALIQUE, René [拉利克，勒内]（1860—1945 年)，法国珠宝匠 [jeweller] 和玻璃工。拉利克曾在巴黎美术学院 [Beaux-Arts] 学习，并在巴黎建立了自己的玻璃作坊。他的造型和设计基于花卉母题。他与萨缪尔·宾合作过。参见图 63、64、66。

LEMMEN, Georges [莱门，乔治]（1865—1916 年)，比利时画家和字体设计师，建筑师之子。1899 年，他参加了二十人社；后又加入自由美学社 [Lidre Esthétique]。他设计招贴画，也展出自己的作品。在比利时装饰艺术的复兴中，他与凡·德·维尔德和范·莱索贝尔赫 [van Rysselberghe] 共同合作。参见图 57。

LETHABY，William Richard [莱瑟拜，威廉·理查德]（1857—1931 年），英国建筑师。他撰写了许多有关建筑理论和建筑史的重要专著。他和乔治·弗赖普顿爵士 [Sir George Frampton] 一起创办了艺术与手工艺中心学校 [Central School of Arts and Crafts]，并于 1893—1911 担任校长。他于 1900 年设计了伯明翰 [Birmingham] 的雄鹰保险大厦 [Eagle Insurance Building]，1900—1902 年设计了布罗克汉普顿 [Brockhampton] 的教堂。参见图 121。

LEVEILLÉ，Ernest Baptiste [莱韦耶，埃内斯特·巴蒂斯特]，法国陶瓷和玻璃手工艺人。他是卢梭的学生。1889 年，他在万国博览会赢得一枚金牌 [Gold Medal]。参见图 37。

LOOS，Adolf [卢斯，阿道夫]（1870—1933 年），奥地利建筑师。在德累斯顿求学，后来去过美国。从 1897 年起，他采用一种风格，这种风格避免所有装饰，企图通过平面的连接和使用美观的材料获得其效果。卢斯不是一位成功的建筑师，他的建筑作品很少。1922—1927 年，他旅居巴黎。后来返回维也纳。参见图 167。

LUTYENS，Sir Edwin Landseer [莱琴斯，埃德温·兰西尔爵士]（1869—1944 年），英格兰建筑师。他的早期建筑受到肖、沃伊齐以及艺术和手工艺运动的影响，但他充满了自信。从 1906 年起，他转向帕拉第奥主义 [Palladianism] 和新格鲁吉亚主义 [Neo-Georgianism]。他设计了新德里 [New Delhi] 的城市规划、英国驻华盛顿大使馆 [British Embassy] 和白厅纪念碑 [Cenotaph in Whitehall]。参见图 118。

MACDONALD，the sisters [麦克唐纳姐妹] Margaret [玛格丽特]（1865—1933 年）和 Frances[弗朗西丝]（1874—1921 年），英国女手工艺人。玛格丽特·麦克唐纳是一位设计师并制作金属制品、彩画玻璃和刺绣品。1900 年，她与查尔斯·伦尼·麦金托什结婚，并配合他完成了许多工作。麦克唐纳姐妹在格拉斯哥艺术学校接受教育。弗朗西丝从 1907 年起入职该校成为教师；她有时独立创作，有时与她姐姐合作。1899 年，她嫁给 J. H. 麦克奈尔，并与他共同设计家具和在彩色玻璃方面进行合作。参见图 127、129。

MACKINTOSH，Charles Rennie[麦金托什，查尔斯·伦尼]（1868—1928 年），苏格兰建筑师和设计师。他曾就读于格拉斯哥艺术学校。他在霍尼曼-凯佩公司 [the firm of Honeyman and Keppie] 先是当助手，后来成为合伙人。1897 年，他被委托修建格拉斯哥艺术学校，这使他声誉鹊起。他的作品主要创作于 1897—1905 年左右。它们是 1899—1901 年在基尔马科姆 [Kilmacolm] 设计的温迪山庄 [Windyhill]、1902—1904 年在海伦斯堡 [Helensburgh] 设计的希尔之家 [Hill House]、1896—1911 年为克兰斯顿 [Cranston] 小姐设计的茶室和 1904—1905 年设计的苏格兰街学校 [Scotland Street School]。麦金托什及其小组于 1900 年、1902 年分别在维也纳、都灵举办作品展。参见图 127—128、130—

139，142、143。

MACKMURDO，Arthur Heygate[麦克默多，阿瑟·海盖特]（1851—1942 年），英格兰建筑师和设计师。麦克默多曾和拉斯金一起去意大利旅行。1882 年，他创办了世纪行会；两年后创办了《木马》杂志。他大约从 1883 年开始设计家具、壁纸、纺织品和金属制品。1904 年，为了专心致力于研究社会理论，他放弃了建筑。参见图 27、29—30、32—33、111—113。

MAILLART，Robert[马亚尔，罗伯特]（1872—1940 年），瑞士工程师。他发明了将负荷与支撑功能融为一体的"蘑菇支柱"[mushroom piers]。1901 年，他开始把他得以成名的原理运用于桥梁建筑。参见图 158。

MAJORELLE，Louis[马若雷勒，路易]（1859—1929 年），法国家具设计师。在巴黎学成之后，马若雷勒接手父亲的陶瓷作坊。加莱的成功促使他不再效仿习尚而致力于独创性的工作。他最有趣的作品创作于 1900 年巴黎博览会前后。参见图 75。

MORRIS，William[莫里斯，威廉]（1834—1896 年），英国设计师、手工艺人、诗人和社会改革家，手工艺人与艺术家和建筑师社会责任感的再生源头。莫里斯最初受到拉斯金的影响。1859 年，他为自己建造住宅时，开始对手工艺和设计产生兴趣。1861 年，他成立了自己的公司。1877 年，他开始做关于艺术和社会问题的系列演讲。他影响巨大。他最后亲自尝试的手工艺活动是图书装帧艺术（克尔姆斯戈特出版社，创建于 1890 年）。参见图 8、10—12、29、

72。

NYROP，Martin[尼罗普，马丁]（1849—1925 年），丹麦建筑师。尼罗普采用传统母题，却以铁制铸件进行实验。参见图 120。

OBRIST，Hermann[奥布里斯特，赫尔曼]（1863—1927 年），瑞士雕刻家和设计师。最先从事自然科学研究，后来转向包括雕刻在内的艺术领域。他于 1892 年在佛罗伦萨[Florence]开设了一家刺绣作坊并于 1894 年迁到慕尼黑。他是慕尼黑艺术和手工艺联合工作室[Vereinigte Werkstätten für Kunst und Handwerk]的创始人之一。他的作品数量不多却颇具影响。在雕刻领域，他最重要的作品是一件 1900 年左右完成的近乎抽象的纪念碑模型。参见图 54。

OLBRICH，Joseph Maria[奥尔布里希，约瑟夫·马瑞亚]（1867—1908 年），奥地利建筑师、手工艺人和图书装帧艺术家。在结束罗马和突尼斯[Tunisia]之旅后，与奥托·瓦格纳同在维也纳求学。他与克里姆特共同创立分离派，并为分离派设计了陈列馆。他被海塞大公召至达姆施塔特，在此地设计了名为马蒂尔顿赫的艺术家社区[the Mathildenhöhe artists' colony]。参见图 140。

OUD，Jacobus Johannes Pieter[奥德，雅各布斯·约翰·彼德]（1890—1963 年），荷兰建筑师，风格派成员。他专攻住宅规划（例如 1918 年的鹿特丹建筑师城），并成为国际风格的先驱，他崇尚贝尔拉赫的功能主义并对材料保持忠诚。后来，他放弃了苛刻的功能主义，但是在建筑方面仍

继续关注人的需要。参见图 188。

PARKER， Barry [帕克，巴里]。参见 UNWIN，Sir Raymond。

PAXTON， Sir Joseph [帕克斯顿，约瑟夫爵士]（1861—1865 年），英国园艺师。1826 年，他负责管理德文郡大公在查茨沃斯 [Chatsworth] 的花园。1836 年，他开始搭建一个 300 英尺高的大温室，并于 1840 年竣工；这使帕克斯顿在 1850 年能够胜任为大博览会设计水晶宫的工作。水晶宫完全采用玻璃和铁，并且第一次运用了预制构件技艺。参见图 1。

PERRET， the brothers [佩雷兄弟] Auguste [奥古斯特]（1874—1954 年）和 Gustave [居斯塔夫]（1875—1952 年），法国营造业者，即建筑工作的承包人。他们首次在住宅建筑上使用钢筋混凝土，并从结构和美学两个方面拓展了混凝土的用途。但是他们放弃了尝试把混凝土用于大跨度和大胆悬臂的可能性。其建筑依然采用传统的古典风格的支柱和过梁 [lintel]。主要作品包括 1902 年富兰克林大街的住宅、1905 年蓬蒂厄大街 [rue de Ponthieu] 的汽车库、1922—1923 年的雷纳锡 [Raincy] 的圣母教堂以及 1945 年以后在勒阿弗尔 [Le Havre] 开始兴建的一批建筑，这批建筑是重建计划的一部分。参见图 150—152。

PRIOR， Edward Schroder [普赖尔，爱德华·施罗德]（1852—1932 年），英国建筑师，也是艺术和手工艺小组 [Arts and Crafts group] 中最有创造性的一员。1912—1932 年，任牛津大学教授。他还有许多论及英格兰中世纪建筑的杰出著作。参见图 117。

PROUVÉ， Victor [普鲁韦，维克多]（1858—1943 年），法国画家、雕刻师、雕塑家和装饰艺术家。普鲁韦先在南锡和巴黎学习，后来为加莱工作。加莱去世后，他被任命为南锡学校 [Nancy School] 的校长，在那儿，他一直工作到第一次世界大战之后。参见图 62、68、73。

RICHARDSON， Henry Hobson [理查森，亨利·霍布森]（1838—1886 年），美国建筑师。返回美国之前，他在巴黎美术学院求学并为拉布鲁斯特工作。他以自由的罗马式风格 [Romanesque style] 建造教堂、办公大楼、公共建筑和住宅（位于马萨诸塞州剑桥 [Cambridge，Mass] 采用木瓦盖屋面的斯托顿之家 [Stoughton House] 是一个至关重要的例外）。像芝加哥马歇尔·菲尔德批发商店 [Marshall Field Wholesale Store]（1885—1887 年）这样的办公大楼影响了芝加哥学派。参见图 20。

RIEMERSCHMID， Richard [里默施密德，理查德]（1868—1957 年），德国画家，后来成为建筑师。1897 年，他是艺术和手工艺联合工作室的创始人之一，并参加了 1900 年巴黎世界博览会。1912—1924 年，他是慕尼黑装饰艺术学校 [School for Decorative Arts in Munich] 的校长；1926 年，任科隆厂校 [Cologne Werkschule] 校长。他在建筑方面的代表作是慕尼黑剧院 [Munich Schauspielhaus] 的内部设计工作（1901 年）。他的家具设计是那个时代最杰出的成就之一。参见图 80、168—169、170—171、198。

RIETVELD， Gerrit Thomas [里特韦尔，

赫里特·托马斯](1888—1964年），荷兰建筑师和家具设计师。他受过家具木工和建筑师方面的训练，后来加入了风格派。在他整个职业生涯中，对内部设计一直抱有兴趣。参见图186—187。

ROCHE, Martin [罗奇，马丁]（1855—1927年），美国建筑师，在芝加哥受到 W. 勒巴伦·简尼的训练。作为威廉·霍拉伯德（参见该条）的合伙人，他专门从事室内设计工作。参见图24。

ROHDE, Johan [罗泽，约翰]（1856—1935年），丹麦设计师。他开始是画家，后来深受莫里克·丹尼斯 [Maurice Denis] 的影响，转向家具和银器设计。作为延森（参见该条）的合作者，他在丹麦设计领域具有决定性影响。参见图189、191。

ROUSSEAU, Eugène [卢梭，欧仁]（1827—1891年），法国制造陶器和玻璃的手工艺人。卢梭的作品未曾赢得应有的声誉。他在19世纪80年代中期所做的工作属于欧洲各地最大胆创新的工作之列。参见图34、35。

SANT' ELIA, Antonio [圣泰利亚，安东尼奥]（1880—1916年），意大利建筑师和理论家。他的早期作品受到维也纳学派的影响。他迷恋城市建筑，1914年在米兰举办的"新都市"展览展示了他对未来建筑的畅想。他是一位社会主义者，他的名字与未来主义联系在一起，但他从未分享未来主义想要达到的目标。他死于第一次世界大战，其建筑作品只有位于科莫 [Como] 的住宅。参见图192—193。

SAUVAGE, Henri [绍瓦热，亨利]（1873—1932年），法国建筑师。绍瓦热在萨马泰纳大楼 [Samaritaine building] 与弗朗茨·茹尔丹 [Frantz Jourdain] 合作过，并负责设计了巴黎大量的现代建筑，其中包括1912—1913年瓦万大街26号公寓。参见图194。

SEHRING, Bernhard [泽林，伯恩哈德]（1855—1932年），德国建筑师。泽林最初因修建剧院而出名，诸如杜塞尔多夫、比勒费尔德 [Bielefeld] 和柏林的那些剧院，但他最有趣味的建筑当属1898年柏林莱比锡路 [Leipziger Strasse] 的蒂茨商店 [Tietz Store]，它大面积采用了玻璃。参见图96。

SHAW, Richard Norman [肖，理查德·诺尔曼]（1831—1912年）。他与英格兰住宅建筑的主要革新者韦布齐名。他的风格受到伦敦附近六郡 [Home Counties] 的17世纪地方特点的影响，也受到17世纪荷兰建筑以及英格兰威廉三世、玛丽女王和安妮女王风格的影响。他影响广泛，使人受益。他的风格在1866—1867年已经形成（格伦安德累德住宅 [Glen Andred]，也有宾利教堂 [Bingley Church]）。但是，他的巅峰之作出现在19世纪70年代中期：伦敦市的新西兰办公楼、他在汉普斯特德的个人住宅、切尔西的老天鹅之家和像阿德科特住宅 [Adcote] 这样的乡村住宅。约1890年，他转向信奉古典主义，同时比他以前更加庄重（1891年，切斯特斯之家 [Chesters]；1905年，设计建造皮卡迪利饭店 [Piccadilly Hotel]）。参见图14、16、17。

SULLIVAN, Louis [沙利文，路易斯]（1856—1924年），美国建筑师。沙利文在巴黎美术学院师从旺达雷默 [Vaudremer]。尽管他的声名死后论定，但是他的确是现代建筑的先驱。弗兰克·劳埃德·赖特于1887—1893年受到他的指点。沙利文的重要作品包括：芝加哥讲堂大厦[Auditorium Building]（1887—1889年），其羽毛状装饰尤其令人难以忘怀；分格式的圣路易斯温赖特大厦[Wainwright Building]（1890年）和布法罗信托公司大厦（1894—1895年）。他的巅峰之作是建于1899—1904年的芝加哥卡森·皮里·斯科特百货商店。参见图23、25、26、182。

TAUT，Bruno[陶特，布鲁尼奥]（1880—1938年），德国建筑师。他1914年设计的供展览会使用的大楼最为大胆。后来，他很快接受了德国表现主义的精神并依此从事设计工作，不久他却支持那些相信国际化现代风格的柏林小组（柏林住宅区，尤其是其中的布里茨住宅区[Britz estate]）。他当选为马格德堡[Magdeburg]的城市规划建筑师，在那里，排房正面采用了强烈鲜艳的色彩。1932年，他应邀来到莫斯科，并由此转赴日本，最后在伊斯坦布尔担任教授。参见图180—181。

TELFORD，Thomas[特尔福德，托马斯]（1775—1834年），英国土木工程师。他是一位牧羊人的儿子，起初跟一位石匠做学徒，后来成为什罗普郡检查公共工程的官员。他以修建运河、渡槽、公路和桥梁驰名英格兰和苏格兰。1820年，他被推举为英国土木工程师学会[the Institute of Civil Engineers]的第一任会长。参见图3。

TIFFANY，Louis Comfort[蒂法尼，路易斯·康福特]（1848—1933年），艺术和手工艺运动中最著名的美国手工艺人、设计师和企业家。他的父亲拥有一家商店，这家商店以其优雅以及合并一家银器商店而闻名。1879年，由蒂法尼接手独自经营。不久，蒂法尼凭借室内装饰、彩色玻璃声名鹊起（1886年组建蒂法尼玻璃公司[Tiffany Glass Company]）。他的法夫赖尔玻璃十分精美，具有新艺术风格，继而约于1894年推广开来，宾在巴黎很快采用了。尽管法夫赖尔玻璃独一无二，蒂法尼的室内装饰却深受莫里斯、早期基督教和意大利罗马式风格的影响。参见图70。

UNWIN，Sir Raymond[昂温，雷蒙德爵士]（1863—1940年）和Parker，Barry[帕克，巴里]（1867—1947年），英国建筑师和城镇规划设计师。1904年，他们被委托设计第一座花园城市莱奇沃思；1907年又被委托设计汉普斯特德花园城郊。雷蒙德·昂温的《城镇规划指南》[Town Planning in Practice]一书大大影响了他那一代以及下一代。参见图197。

VALLIN，Eugène[瓦兰，欧仁]（1856—1922年），法国家具设计师、建筑立面设计师（为建筑师比耶[Biet]设计）。瓦兰在南锡当过学徒。在沃约利特-里-迪克的显著影响下，他建造了大量的哥特式和新哥特式教堂。1895年，他由当时的习尚转向南锡的新艺术活动。他的家具在强调抽象曲线和母题源于自然之间保持平衡。参见图73。

VAN DE VELDE，Henri[凡·德·维尔德，亨利]（1863—1957年）。凡·德·维尔德在比利时起初是画家，约1893年，他转向建筑和手工艺领域。1896年，宾请他为其"新艺术"商店装修房间。1897年，他在德累斯顿举办展览。他在德国一举成名，便于 1899 年定居德国。1901 年，他被召至魏玛，担任大公的顾问。1906 年，他成为魏玛实用美术学校 [Weimar School of Applied Arts] 的校长，后来，该校成为包豪斯学校。他的主要建筑作品是 1914 年科隆制造联盟剧院 [Werkbund Theatre] 和位于奥特洛 [Otterlo] 的克勒尔-穆勒尔博物馆 [Kröller-Müller Museum]（1937–1953 年）。作为一名理论家，他同样具有重要地位。但他从 1894 年开始放下他的理论，到那时他的图书装帧已经表露出抽象、线性、张力的风格。他的家具有同样的特点。参见图 44、53、58、78。

VIOLLET-LE-DUC, Eugène Emmanuel [沃约利特 - 里 - 迪克，欧仁·埃马纽埃尔]（1814—1879 年），法国建筑师和理论家。他是欧洲杰出的古建筑修复专家，也从事教堂和公寓设计；与这些工作相比，他的著作不太拘泥于传统，而且颇具影响力。参见图 52。

VOYSEY, Charles F. Annesley [沃伊齐，查尔斯·F. 安斯利]（1857—1941 年）。在莫里斯之后的一代，沃伊齐是英国最重要的建筑师和设计者。他先后师从塞登 [Seddon] 和德维 [Devey]。他在 19 世纪 80 年代设计壁纸和纺织品，从 1889 年起设计住宅。10 年之内，他成为最受人喜爱的乡村住宅建筑师。这些住宅都很舒适、不拘小节，而且以最普通的方式追随历史主义，即都铎王朝式术语 [the Tudor vernacular]。沃伊齐的设计作品——被工厂而不是手工艺人所采用——十分新颖、富有生气，并对欧洲大陆产生了巨大影响。参见图 55—56、114—116、122、125。

WAGNER, Otto [瓦格纳，奥托]（1841—1918 年）。1894 年瓦格纳被任命为维也纳学院教授时，他作为意大利文艺复兴影响下的建筑师已经闻名遐迩。以其就职演说为基础而写成的《现代建筑》[Moderne Architecktur] 一书成为建筑革命的经典之作。1898—1904 年，他的建筑作品（维也纳地铁 [Vienna Metro]，宫阁 [Hofpavillion] 和卡尔广场 [Karlsplatz] 车站，以及许多未投入施工的公共建筑设计）具有浓郁的新艺术风格，受到巴洛克风格的影响，并在一定程度上受到他的学生奥布里斯特的影响。1904 年，他放弃曲线夸饰，于 1905 年建造的维也纳邮政储蓄银行成为 20 世纪早期理性主义杰作之一。参见图 161—162。

WEBB, Philip [韦布，菲利普]（1831—1915 年），英国建筑师和设计师。韦布设计的红房子及其以后的乡村住宅，诸如 1873 年的乔尔德温斯之家、1878 年的斯米顿庄园 [Smeaton Manor]、1892 年的斯坦顿宅邸、1872—1876 年规模更大更有特点的朗顿农庄 [Rounton Grange]、1881—1891 年的云庄 [Clouds]，它们与肖设计的住宅在英格兰和国外具有同样巨大的影响。1874 年以前，韦布还建造了一座教堂，即位于坎伯兰 [Cumberland] 的布拉姆顿教堂 [Brampton]。他也设计家具和金属制品。参见图 8、10、15、72。

WHISTLER, James Abbot McNeill [惠斯勒，詹姆斯·阿博特·麦克尼尔]（1834—1903 年），美国画家。他在巴黎学习绘画，1859 年以后主要居住在伦敦。惠斯勒深受他所收集的日本艺术品的影响，而他的室内装饰方案——可能受到他的朋友爱德华·戈

德温 [Edward Godwin] 的影响——在简洁和浅灰色的使用方面具有革命性。他装修了奥斯卡·王尔德在泰特街 [Tite Street] 的住宅，而装修莱兰宅邸的"孔雀斋"时则颇具匠心。惠斯勒在泰特街的住宅由爱德华·戈德温设计（1878 年），其室外为白色，室内则黄白相间，互不对称，这种独创令人震惊。而令拉斯金深感震惊的是，他的绘画灵感来自印象派和日本浮世绘。参见图 28—29。

WHITE, Stanford [怀特，斯坦福]（1853—1906 年），美国建筑师。在 H. H. 理查森的指导下，他参与了波士顿三一教堂 [Trinity Church] 的设计工作。作为麦金和米德的合作伙伴，他是最优秀的设计师。参见图 21。

WIENER, René [维纳，勒内]（1856—1939 年）。出身于南锡装订家庭，他也是一位装订工。他舍弃习尚，并在皮革装潢中采用烫画法；他曾与图卢兹 - 劳特累克和维克多·普鲁韦等人合作。19 世纪 90 年代是他的创作盛期。参见图 61、62。

WILLUMSEN, Jens Ferdinand [维卢姆森，延斯·费迪南]（1863—1958 年），丹麦画家和雕刻家。逗留巴黎期间（1888—1889 年，1890—1894 年），他受到高更和贝尔纳及其阿望桥风格的强烈影响，并参加了"独立派 [Independents]"画展。1890 年，他与雷东 [Redon] 相识，这也在维卢姆森的工作中留下印记。参见图 45。

WRIGHT, Frank Lloyd [赖特，弗兰克·劳埃德]（1869—1959 年），美国建筑师。1887—1893 年，赖特在路易斯·沙利文的

设计事务所工作。后来，在 20 世纪的第一个十年间，他设计了他最重要的公共建筑和住宅：布法罗的拉金大厦 [Larkin Building]（1906 年）、芝加哥橡树公园的联合教堂 [Unity Church]（1906 年）、布法罗的马丁之家 [Martin House]（1906 年）、芝加哥的孔利之家 [Coonley]（1907 年）和罗比之家 [Robie House]（1909 年）。他的两本作品集分别于 1910 年、1911 年在柏林出版，从此，他在欧洲的影响拉开了序幕。他的住宅以低平伸展的规划、悬臂式屋顶和内部空间交贯为特点。截止 20 世纪 20 年代，他设计的规模最大的公共建筑是东京 [Tokyo] 帝国饭店 [Imperial Hotel]（1916—1922 年）和芝加哥米德韦花园 [Midway Garden]（1914 年）。这些作品流露出对角度、抽象装饰和充满想象力的细部的热爱，并影响了他的许多后期之作（洛杉矶 [Los Angeles] 的霍利霍克之家 [Hollyhock House]，1920 年；巴特利斯维尔 [Bartlesville] 的普赖斯塔 [Price Tower]，1953—1956 年）。他很少适应所谓的国际化现代形式（落水山庄 [Falling Water]，1936 年）。他晚年最杰出的建筑作品是在威斯康辛州拉辛 [Racine] 为约翰逊蜡烛公司 [Johnson Wax Company] 设计的两座大楼（1936—1939 年，1950 年）和纽约的古根海姆美术馆 [Guggenheim Museum]（1956—1959 年），后者与其说是一座功能主义的美术馆不如说是其建造者的纪念碑。弗兰克·劳埃德·赖特的确具有威尔士人的丰富想象力，这种想象力激励着那些不满于理性主义的人们。参见图 183—185。

作品藏处

Royal Collection (reproduced by gracious permission of Her Majesty Queen Elizabeth II) 50;Amsterdam, Gemeente Musea 187; Berlin, Louis Werner 65; Copenhagen, Georg Jensen A/S 190; Copenhagen, Kunstindustrimuseet 45, 47, 48, 71; Copenhagen, H. P. Rohde 189,191; Edinburgh, Mrs M. N. Sturrock 124; Frankfurt, Museum für Kunsthandwerk 170; Glasgow, The House of Frazer 143; Glasgow Museum and Art Gallery 129; Glasgow University Collection 136, 138; Glasgow School of Art 137; Helensburgh, T. C. Lawson 139; Leicester Museum and Art Gallery 123; Letchworth, Miss Jean Stewart 126; London, Geffrye Museum 122; London, A. Halcrow Verstage 10; London, Victoria and Albert Museum 11, 12, 13, 72 ,124, 125; Lyon Musée des Beaux-Arts 153, 154, 155; Munich, Dr Kurt Martin 83; Munich, Stadtmuseum 54,80,171;Nancy, Musée de l'Ecole 61, 62,73, 74; New York, Lewyt Corporation 42; Nuremberg, Germanisches National-museum 78; Paris, Coll. Bernard-Fort 46; Paris, Léon Meyer 68; Paris, Musée des Arts Decoratifs 34, 35, 37, 38, 41, 63, 64, 66, 67, 70, 75, 76, 77; Paris, Musée de la France d'Outremer 40; Paris, Musée National d'Art Moderne 69; Strasbourg, Musée des Beaux-Arts 166; Utrecht, Centraal Museum der Gemeente 186; Walthamstow, William Morris Gallery 32, 33, 111; Washington, Freer Gallery of Art 28; Wolfsgarten, Prince Ludwig of Hesse 79; Zurich, Kunstgewerbemuseum 53.

图片来源

Aerofilms Ltd. 195; Amigos de Gaudí 81, 82, 84, 85, 86, 106, 108, 110; Wayne Andrews 21; Architectural Association, London (photo Yerbury) 160; Architectural Press, London 1; Archives Photographiques, Paris 5; Arts Council of Great Britain 9; Jay W.Baxtresser 184; courtesy Mrs. M. Bodelsen 39, 40, 41, 45, 47; Société des Entreprises Boussiron, Paris 157; British Council (photos Wickham) 27, 32, 113, 130, 132, 133, 134, 135; British Rail 6; Cauvin 46; Chevojon 7, 145, 194; courtesy Prof. Carl W. Condit 24; Conservatoire National des Arts et Métiers, Paris 93; *Country Life* 4, 117, 118; John Craven, 98, 102, 148, 150, 152; Jean Desmarteau 97, 100, 101;H. G. Dorrett 114; courtesy Prof. Henry-Russell Hitchcock 20; Quentin Hughes 197; Jacqueline Hyde 48, 143;Benno Keysselitz 37, 38, 56, 61, 62, 67,73, 83; Service des Halles et Marchés, Lyon 156; Eric de Maré 18, 49,116, 121; Mas 51, 104, 105, 107, 109; Günther Mehling 54, 171; K. G. Meyer 140, 161; Studio Minders 95, 163, 164, 165; Morian 94; Ian Nairn 14; National Monuments Record, London 8, 15 (photo Quentin Lloyd), 16, 17, 22, 131; Richard Nickel 25, 183; Pierre d'Otreppe 90, 91, 92; Reiffenstein 167; Royal Danish Ministry of Foreign Affairs (photo Lilian Zangenberg) 120; Royal Institute of British Architects, London 55; Sanderson & Dixon 115; Walter Scott 3; Edwin Smith 2, 146; Dr Franz Stoedtner 87, 89, 179, 180, 198; Unilever Merseyside Limited 196; United States Information Service, Paris 23; Bildarchiv der Österreichische Nationalbibliothek,Vienna 162; John Webb (Brompton Studio) 72.

参考书目

详细的书目请参见我的《现代设计的先驱者》[Pioneers of Modern Design]修订版，哈蒙沃思和巴尔的摩，1968年。

总论

H. R. 希契科克 [H. R. Hitchcock]，《19 和 20 世纪的建筑》[Architecture, 19th and 20th Centuries]（鹈鹕美术史丛书），巴尔的摩，1963年；修订版，哈蒙沃思，1968年。

有关国家

关于法国——

L. 奥特克尔 [L. Hautecoeur]，《法国古典建筑史》[Histoire de l'Architecture classique en France]，第 7 卷，1848—1900 年，巴黎，1957 年。

关于美国——

C. W. 康迪特 [C. W. Condit]，《美国 19 世纪的建筑艺术》[American Building Art. The Nineteenth Century]，纽约，1960 年。

有关运动与风格

关于新艺术运动——

S. 楚迪·麦迪逊 [S. Tschudi Madsen]，《新艺术的源泉》[Sources of Art Nouveau]，纽约和奥斯陆，1956 年。

M. 康斯坦丁 [M. Constantine]（编辑）和 P. 塞尔兹 [P. Selz]，《新艺术运动》[Art Nouveau]，纽约，1964 年。

R. 施穆茨勒 [R. Schmutzler]，《新艺术运动》[Art Nouveau]，伦敦，1962 年，纽约，1964 年。

H. 塞林 [H. Seling] 等，《青年风格》[Jugendstil]，海德堡和慕尼黑，1959 年。

关于混凝土——

P. 科林斯 [P. Collins]，《混凝土》[Concrete]，伦敦，1959 年。

关于芝加哥学派——

C. W. 康迪特，《芝加哥建筑学派》[Chicago School of Architecture]，芝加哥，1964 年。

美国历史建筑调查计划 [Historic American Buildings Survey]，《芝加哥及伊利诺斯近区》[Chicago and Nearby Illinois Area]，J. W. 路德 [J. W. Rudd] 编辑，伊利诺斯，1966 年。

有关传记资料

关于加尼耶——

C. 帕沃夫斯基 [C. Pawlowski]，《托尼·加尼耶》[Tony Garnier]，巴黎，1967 年。

关于高迪——

G. R. 科林斯 [G. R. Collins]，《安东尼·高迪》[Antonio Gaudí]，纽约，1960 年。

关于霍夫曼——

G. 韦罗内西 [G. Veronesi]，《约瑟夫·霍夫曼》[Josef Hoffman]，米兰，1956 年。

关于克里姆特——

F. 诺沃特尼 [F. Novotny] 和 J. 多贝 [J. Dobai]，《居斯塔夫·克里姆特》[Gustav Klimt]，伦敦和纽约，1968 年。

关于卢斯——

L. 门斯 [L. Münz]、G. 孔斯特勒 [G. Künstler] 和 N. 佩夫斯纳 [N. Pevsner]，《阿道夫·卢斯》[Adolf Loos]，伦敦和纽约，1966 年。

关于麦金托什——

T. 豪沃思 [T. Howarth]，《查尔斯·伦尼·麦金托什与现代运动》[Charles Rennie Mackintosh and the Modern Movement]，伦

敦，1952 年。

关于莫里斯——

J. W. 麦凯尔 [J. W. Mackail]，《威廉·莫里斯传》[The Life of William Morris]，伦敦，1899 年（世界古典丛书版，1950 年）。

P. 汤普森 [P. Thompson]，《威廉·莫里斯作品集》[The Work of William Morris]，纽约，1966 年，伦敦，1967 年。

P. 亨德森 [P. Henderson]，《威廉·莫里斯》[William Morris]，伦敦和纽约，1967 年。

关于佩雷——

E. N. 罗杰斯 [E.N.Rogers]，《奥古斯特·佩雷》[Auguste Perret]，米兰，1955 年。

关于肖——

R. 布洛姆菲尔德 [R. Blomfield]，《理查德·诺尔曼·肖》[Richard Norman Shaw]，英国皇家艺术学会，伦敦，1940 年。

关于沙利文——

H. 莫里森 [H. Morrison]，《路易斯·沙利文：现代建筑的倡导者》[Louis Sullivan, Prophet of Modern Architecture]，马萨诸塞州马格诺利亚 [Magnolia]，1958 年。

关于蒂法尼——

R. 科克 [R. Koch]，《路易斯·C. 蒂法尼：玻璃的叛逆者》[Louis C. Tiffany, Rebel in Glass]，纽约，1964 年。

关于沃伊齐——

J. 布兰登-琼斯 [J. Brandon-Jones]，见《建筑协会杂志》[Architectural Assn. Jour.]，第 72 卷，1957 年。

关于韦布——

W. R. 莱瑟比 [W. R. Lethaby]，《菲利普·韦布及其作品》[Philip Webb and his Works]，牛津，1935 年。

关于赖特——

H. R. 希契科克 [H. R. Hitchcock]，《论材料的本质》[In the Nature of Materials]，纽约，1942 年。

索引

斜体的页码指图版所在的页码。(此处页码系原文页码，即指示原书该页起始处的边码。
对原书页码中的手民之误，已作更正——译者)